抽水蓄能电站基建工程
管理岗位培训教材

工程质量管理

国网新源控股有限公司　组编

中国电力出版社
CHINA ELECTRIC POWER PRESS

内 容 提 要

本书按照国网新源控股有限公司编制的基建工程管理岗位培训规范，介绍了工程质量管理岗位人员需要掌握的专业知识和业务技能，重点针对质量基础管理、质量监督管理、质量验收管理、质量事件管理四个工作领域中Ⅰ级、Ⅱ级、Ⅲ级培训模块的培训内容进行了详细的阐述。

本书可作为水电厂基建工程管理中的工程质量管理岗位培训教材，也可供相关工程建设人员参考使用。

图书在版编目（CIP）数据

工程质量管理 / 国网新源控股有限公司组编. —北京：中国电力出版社，2017.12（2021.11重印）
抽水蓄能电站基建工程管理岗位培训教材
ISBN 978-7-5198-1521-9

Ⅰ. ①工… Ⅱ. ①国… Ⅲ. ①建筑工程–工程质量–质量管理–岗位培训–教材 Ⅳ. ①TU712

中国版本图书馆 CIP 数据核字（2017）第 307041 号

出版发行：中国电力出版社
地　　址：北京市东城区北京站西街 19 号（邮政编码 100005）
网　　址：http://www.cepp.sgcc.com.cn
责任编辑：孙建英（010-63412369）柳　璐
责任校对：王开云
装帧设计：张俊霞　赵姗姗
责任印制：蔺义舟

印　　刷：三河市百盛印装有限公司
版　　次：2017 年 12 月第一版
印　　次：2021 年 11 月北京第二次印刷
开　　本：787 毫米×1092 毫米　16 开本
印　　张：11.25
字　　数：249 千字
印　　数：2001—2500 册
定　　价：55.00 元

《抽水蓄能电站基建工程管理岗位培训教材》

编　委　会

主　　　任　林铭山

副　主　任　张振有　孙晓雯　黄悦照

委　　　员　王洪玉　王　涛　吴冀杭　高继东

朱安平　佟德利　张国良

执 行 主 编　王洪玉

本册执行副主编　刘争臻　郝　峰　李海波　徐　辉

王小军

本册参编人员　（按姓氏笔画排序）

王立勇　杨瑞华　汪子翔　张吉刚

胡云鹤　徐剑飞　温学军　潘福营

穆显勇

本册审查人员　（按姓氏笔画排序）

王　凯　刘晓义　江根有　陈洪春

贾利刚

前 言

当前，经济全球化、社会信息化、能源清洁化持续推进，宏观经济形势、能源发展格局、生产消费方式深刻变化。国家电网公司围绕全面建成“一强三优”现代公司，推动构建全球能源互联网，科学谋划了“十三五”发展目标，对抽水蓄能电站做出“加重、加快、加大”建设的重要部署。“十三五”时期，国网新源控股有限公司（以下简称国网新源公司）规划电源新开工抽水蓄能电站 29 座，容量 3645 万 kW，每年开工项目 5～6 个。到 2020 年，国网新源公司运行容量 2935.4 万 kW（其中，抽水蓄能 2437 万 kW，常规水电 498.4 万 kW），在建容量 4575 万 kW（全部为抽水蓄能项目），可控容量 7510.4 万 kW。国网新源公司要在“十三五”期间实现初步建成抽水蓄能行业国际一流企业和水电行业示范企业的目标，离不开水电厂运维管理、水电厂安全管理、水电厂基建工程管理等三大核心专业的建设与发展。其中，基建工程管理作为抽水蓄能电站建设的基础岗位，其人才培养的速度与质量直接决定了整个公司的发展速度，创新基建工程管理人才培养模式已成必然之势。在国网新源公司各级领导高度重视下，经过全体编审人员一年时间的努力，《抽水蓄能电站基建工程管理岗位培训教材》出版了。

本套教材有其自身鲜明的特点。一是内容的针对性更强，专门针对抽水蓄能电站基建工程管理岗位人员进行编写，能满足该岗位人员工作所需的基建工程管理知识；二是书中的案例都是抽水蓄能电站建设过程中基建工程管理人员沉淀下来的经验、现场做法，将案例与理论相结合，既体现了教材的专业性，也不乏工作情景的支撑，通俗易懂，使读者学习起来不枯燥；三是填补了国内对抽水蓄能电站基建工程管理岗位人员培训教材的空白。

本套教材以提升岗位胜任能力为目标，以岗位培训规范为依据，阐述了基建工程管理的基本概念，内容涵盖了基建工程管理业务的各个方面，包括工程安全管理、工程质量管理、水工综合管理、工程机电管理、工程技经管理等岗位的培训内容。教材中将培训模块划分为三级，其中，Ⅰ级主要面向新入职的大学毕业生，Ⅱ级主要面向入职3～5年、已熟练掌握基建工程管理相关业务的人员，Ⅲ级主要面向入职5年以上、具有丰富的基建工程管理经验的专业人员。

本套教材凝聚了国网新源公司多年来专业技术骨干、安全管理、质量管理、人力资源管理等人员的心血与汗水，编写过程中得到了江苏句容抽水蓄能有限公司、松花江水利发电有限公司丰满大坝重建工程建设局、吉林敦化抽水蓄能有限公司、湖北白莲河抽水蓄能有限公司等相关人员的大力支持，在此一并表示感谢，希望教材对使用者快速成才有所裨益。

限于作者水平，书中难免有疏漏和不妥之处，恳请广大读者批评指正。

编　者

2017年12月

目 录

第一章 质量基础管理

模块1 水电基建工程质量管理基本知识（Ⅰ级）

模块描述 本模块介绍水电基建工程质量管理目标、组织体系、质量教育培训、质量工作例会、质量检查与验收、年度质量策划、质量考核与奖惩，通过要点讲解，掌握质量管理基本知识、管理流程和关键控制点。

正 文

一、水电基建工程质量管理基础知识

（一）基本概念

1. 质量

质量的内容十分丰富，随着社会经济和科学技术的发展，也在不断充实、完善和深化，同样，人们对质量概念的认识也经历了一个不断发展和深化的历史过程。

美国著名的质量管理专家朱兰（J.M.Juran）博士从顾客的角度出发，提出了产品质量就是产品的适用性。即产品在使用时能成功地满足用户需要的程度。用户对产品的基本要求就是适用，适用性恰如其分地表达了质量的内涵。

美国质量管理专家克劳斯比从生产者的角度出发，把质量概括为“产品符合规定要求的程度”；美国的质量管理大师德鲁克认为“质量就是满足需要”；全面质量控制的创始人菲根堡姆认为，产品或服务质量是指营销、设计、制造、维修中各种特性的综合体。

本书中的“质量”是指水电基建工程的质量，引用了国际标准化组织（ISO）2005年颁布的ISO 9000：2005《质量管理体系基础和术语》中对质量的定义，即：一组固有特性满足要求的程度。它不仅指产品质量，也可以是某项活动或过程的工作质量，质量的特性是指区分的特征，而“满足要求”是明示、通用隐含或必须履行的需要和期望。

2. 质量管理

质量管理是明确质量方针、目标和职责，并通过质量体系中的质量策划、控制、保

证和改进来使其实现的全部活动。水电基建质量管理主要内容包括责任制落实、质量管理策划、标准工艺研究及应用、质量检查与验收、达标创优、质量监督考核等。

（二）质量管理目标

1. 国家电网公司水电基建质量管理目标

（1）持续提升水电工程质量水平，抽水蓄能电站努力实现“在国际建设中领先，在国内水电工程建设行业中领先”。

（2）持续提高水电施工工艺水平，深化“标准工艺”研究与应用，全面推广应用“标准工艺”。

（3）持续提高水电工程移交水平，投产工程质量全部达到国家标准、规范和设计要求，实现“零缺陷”投运。

（4）持续提高水电工程优质工程水平，获得电力行业优质工程奖比例达到50%以上，获得国家优质工程奖（含鲁班奖）比例达到20%以上。

（5）持续提高工程管理水平，不发生四级及以上质量事件。

2. 国网新源公司质量管理目标

（1）工程建设质量和工艺水平“在国际抽水蓄能电站建设中领先，在国内水电工程建设行业中领先”。

（2）国网新源控股有限公司（简称国网新源公司）优质工程率在国内水电工程建设中领先，并持续提高各级别优质工程率：水电工程达标投产率 100%；水电工程获得国家电网公司优质工程比例 100%；水电工程获得电力行业优质工程奖比例大于或等于 60%；水电工程获得国家优质工程奖或鲁班奖比例大于或等于 30%。

（3）水电工程 72 项“标准工艺”应用率大于或等于 90%。

（4）工程实现“零缺陷”投运。

（5）不发生五级及以上质量事件。

3. 项目公司工程质量管理目标

（1）实现工程达标投产及优质工程目标。

（2）水电工程 72 项“标准工艺”应用率大于或等于 90%；9 项工艺设计应用率 100%；3 项二次工艺设计应用率 100%。

（3）工程“零缺陷”投运。

（4）加强成品保护，工程使用寿命满足国网新源公司质量要求。

（5）不发生因工程建设原因造成的六级及以上工程质量事件。

（三）质量管理组织体系

1. 基建项目质量管理组织

国网新源公司工程建设按“谁主管、谁负责”的原则实行全过程质量管理。国网新源公司基建质量管理实行二级管理，即国网新源公司本部和项目建设单位两个管理层级；国网新源公司本部由相关部门按其职能分工负责；设计、监理、施工、制造、调试等参建单位（简称各参建单位）接受项目建设单位的管理，并各自履行其法定和合同规定的职责。其管理组织体系如图 1–1 所示。

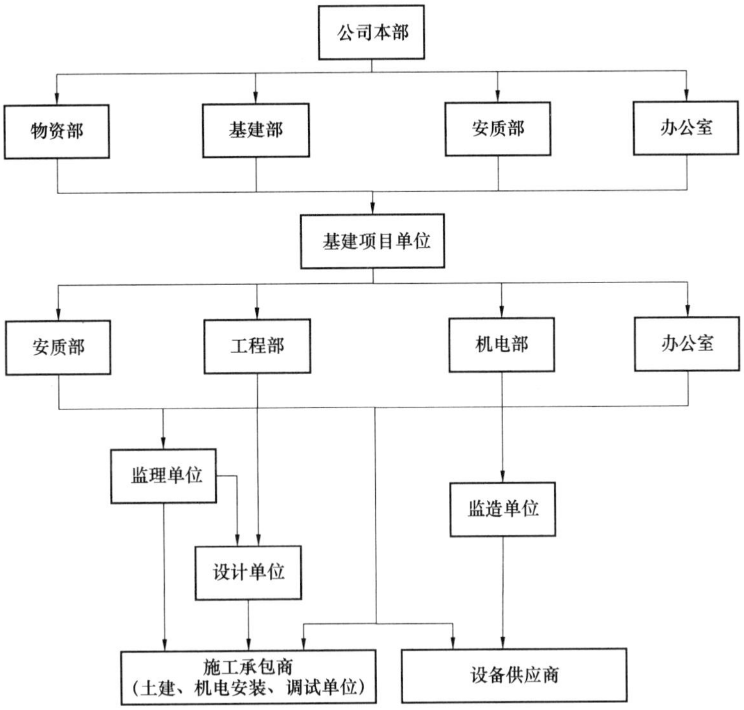

图 1–1　基建质量管理组织体系结构图

国网新源公司基建部是本部工程建设质量的管理部门，接受国家电网公司基建部指导，负责工程设计、施工质量及验收、达标创优等综合质量管理；对项目建设单位的基建管理工作进行规范、指导、检查、监督管理；参与或配合工程质量事件的调查处理工作。

项目建设单位是项目工程建设质量管理责任单位，接受政府质量监督机构的监督，接受国网新源公司本部各职能部门的管理，对各参建单位实施基建质量管理。项目建设单位工程部和安全监察质量部是项目工程建设质量管理的两个职能部门，分别负责项目工程建设质量的综合管理和监督管理，对参建单位的工程质量工作实施具体管理。

项目工程的各参建单位是项目工程建设质量的责任主体，均应建立适应其所承担任务的项目质量管理体系，并接受项目建设单位的管理。监理、监造单位按照合同授予的权限对相关施工承包商质量工作实施管理。

2. 质量管理职责

国网新源公司基建部、项目建设单位及各参建方工程建设质量管理责任如下：

（1）工程建设实施过程中的工程质量由项目法人总负责。监理单位、设计单位、施工承包商、材料和设备的采购、制造等单位按照合同及有关规定对所承担工作的质量负责。

（2）项目法人、监理、设计、施工等单位的行政正职是本单位质量工作的第一责任人。各单位在工程项目现场的行政负责人对本单位在工程建设中的质量工作负直接领导责任。各单位的工程项目技术负责人（总监理工程师、设计总工程师、总工程师）对质量工作负技术责任。各单位的行政正职和现场行政负责人，应保证其质量的检测、控制和管理部门能独立行使职能。

（3）参建各方都应按合同承诺投入的工程技术力量、设备和人力等资源及时投入本合同工程。

（4）参建各方均有责任、有权利直接向质量监督总站和公司基建部反映工程质量问题。公司基建部应随时掌握工程质量情况，督促项目法人对工程中出现的质量问题进行整改。

（5）建设各方应建立健全有效的工程质量监督和保证体系，并确保质量管理体系运转有效。

（四）工程建设质量管理委员会与质量管理工作例会

1. 工程建设质量管理委员会的职责

项目建设单位在筹建期工程开工时，负责组建工程建设质量管理委员会（简称质管会）。质管会由项目建设单位、设计单位、监理单位、施工承包商组成。质管会主任由项目建设单位总经理担任；副主任由项目建设单位分管工程建设质量工作的副总经理、监理单位总监理工程师担任；成员包括项目建设单位总工程师（副总工程师）、项目建设单位工程部主任、设计单位分管领导或设计单位项目经理、监理单位副总监理工程师、各施工承包商项目经理等相关领导。

质管会是工程建设最高的质量管理机构，负责工程建设过程中质量管理工作重大事项的决策，并负责领导、组织、协调、监督检查工程建设过程中质量管理工作，其主要职责包括但不限于：

（1）贯彻上级有关工程质量管理法律、法规和相关标准、规程、规范。

（2）每季度召开一次工程质量管理委员会工作会议，安排布置、分析、总结、评价质量管理工作。

（3）定期组织开展工程质量检查活动，评定、考核各参建单位质量管理工作。

（4）组织、协调解决工程质量管理工作中出现的问题。

（5）协助工程质量监督机构开展质量监督活动。

（6）组织开展各类质量宣传活动。

（7）建立健全质量管理的各级组织体系和规章制度。

（8）建立健全质量管理的监督体系和工作体系。

质管会下设工程建设质量管理委员会办公室（简称质管会办公室），质管会办公室设在项目建设单位工程部，质管会办公室主任由项目建设单位工程部主任担任；副主任由副总监理工程师担任；成员由项目建设单位工程部专业工程师、监理单位专业监理工程师、设计单位设代组长和施工承包商项目部技术负责人组成。

质管会办公室是质管会的日常办事机构，负责具体组织、协调、监督检查工程建设过程中质量管理工作。

质管会和质管会办公室成立由项目建设单位工程部拟文，经部门主任审核，分管领导复审，总经理批准后，以正式文件形式发放各参建单位。质管会和质管会办公室成立后，若成员发生变化，应及时调整并及时以文件形式通知各参建单位。

2. 质管会例行工作

（1）年度工作。

每年 1 月份，质管会组织召开一次年度质量工作会议，会议的内容：总结上年度质量管理工作，布置当年质量管理工作，质管会主任与各参建单位签订本年度质量责任书，质管会办公室编写会议通知并发放参会人员、撰写会议报告。

（2）季度工作。

质管会每季度召开一次质量工作例会。内容如下：由质管会主任（或委托副主任）主持，质管会全体成员参加；会议分析和总结上季度质量情况，研究、布置下季度质量管理工作；季度质量管理委员会工作会议由工程建设质管会办公室负责记录，会后编写《××××质量工作例会会议纪要》；《××××质量工作例会会议纪要》经项目建设单位工程部主任审查，分管领导审核，总经理暨质管会主任审批下发工程建设各参建单位执行；质管会每季度组织进行一次质量工作大检查；大检查由质管会主任（或委托副主任）组织，全体成员参加；质量工作大检查结束后，质管会办公室形成《质管会质量工作检查报告》，经质管会办公室主任审核，质管会主任批准后下发各参建单位；对检查出的问题，质管会办公室形成整改通知单，经质管会办公室主任审核后下发责任单位整改。监理单位监督责任单位及时整改，整改完毕后，监理单位跟踪验证；质管会每季度组织一次对所有参建单位工程质量管理工作的考核评价工作。

（3）月度工作。

质管会办公室（或委托监理单位）每月召开工程质量工作例会，会前组织一次专项质量检查。质管会办公室全体成员参加月度工程质量工作例会和专项质量检查。质管会办公室对检查出的问题形成整改通知单，经质管会办公室审核后下发责任单位整改，监理单位监督责任单位及时整改，整改完毕后，监理单位跟踪验证。

3. 工程质量协调会

工程质量协调会应每月召开一次，可根据工程项目具体情况，与质管会月度质量工作例会一起召开，由质管会办公室主任主持，总监理工程师、安全监察质量部和各参建单位项目负责人、质量负责人和技术负责人参加。

工程质量协调会内容：总结、通报上月项目工程质量情况；研究部署下月质量重点工作计划和措施；提出需各方协调解决的问题。

监理单位负责编写《××××质量工作例会会议纪要》，专业监理工程师审核，总监理工程师审批后，下发各参建单位。

4. 工程质量专题协调会

项目建设单位工程部、监理单位和施工承包商可根据工程建设实际情况，针对工程建设过程中出现的质量问题，提出召开工程质量专题会议。工程质量专题会议原则上由监理单位总监主持，并形成工程质量专题协调会会议纪要，下发贯彻执行。

5. 监督与检查

（1）项目建设单位每季度组织进行质量工作大检查，大检查由质管会主任（或委托副主任）主持，有关单位主管人员参加，对检查出的质量问题，下发整改通知单，整改后，由监理单位验收确认。

（2）项目建设单位工程部（或委托监理单位）每月牵头组织开展一次全工地范围的专项质量检查，参加单位有工程部、项目工程技术管理人员、专业监理工程师、各参建单位质量管理部门负责人等参加，对各施工承包商、作业面、工区进行检查，对检查中存在的质量问题提出整改要求，并下发整改通知单。责任单位按整改通知单要求，对存在的质量问题进行整改，监理单位复查验证整改效果。

（3）监理单位对工程质量专题协调会和监理质量协调会制定的决议和整改要求进行检查。施工承包商应按照决议和要求贯彻落实，监理单位跟踪检查决议落实和整改效果，并保持检查和整改记录。

（4）项目建设单位工程部，应对质管会质量工作例会、监理工作例会和监理质量协调会决议落实情况和整改效果进行检查，并保持检查结果记录，作为质量工作考核和质量保证金发放的依据。

（5）国网新源公司基建部结合工程质量专项检查，对项目建设单位工程质量管理委员会及例会开展情况进行检查。

6. 设计项目部质量管理组织机构

设计项目部应配置质量管理人员，负责设计单位的设计质量管理，解决工程建设现场遇到的设计质量问题，并及时向项目建设单位提出解决方案、建议。

7. 监理项目部质量管理组织机构

监理项目部应设置质量监督管理机构，负责工程建设项目的质量监理和监理质量工作。监理项目部应配备具有相应资质（具有监理工程师资格证书）的质量管理工程师和专职质量监理人员，人员数量和素质满足工程项目质量监理工作需要。

8. 施工项目部质量管理组织机构

施工项目部应建立项目部质管会，设置质量监督管理机构，配备具有质量管理专业和能力的专职质量管理人员，数量满足质量监督管理工作和合同要求。各作业队和班组应配备具有相应能力和数量的专（兼）职质量员。

（五）质量管理教育培训

国网新源公司基建部配合人资部具体负责工程建设质量教育培训工作。项目建设单位负责制订培训计划，定期开展各级质量管理人员业务培训，指导、监督、检查监理和施工承包商的基建质量培训工作。监理单位结合工程实际情况制定本单位年度质量教育培训计划，经项目建设单位审核后实施。各施工承包商应结合工程实际情况制订本单位年度质量教育培训计划，经监理单位审核后报项目建设单位备案，监理单位督促、检查施工承包商按计划开展教育培训工作。施工承包商在施工中运用新技术、新工艺、新材料及新设备时，必须对作业人员进行相应的质量教育培训，经考试合格后方可上岗。

（六）对各参建单位质量管理检查的方式和主要内容

1. 质量检查方式

质量管理检查包括国网新源公司组织对项目各参建单位的检查、项目公司对监理单位和承包商的检查、监理单位对承包商的质量管理检查等，检查分定期检查和不定期检查，根据工程建设需要组织不定期或专项检查。

检查工作方式一般采取听取情况汇报、查看工程现场、召开座谈会、抽查原始资料和质量管理文件等形式。对检查中发现问题比较突出的关键部位或隐蔽工程部分应进行重点检查；抽查资料应重点抽查各项检验，验收签证的原始资料；检查原始记录、原始数据是否真实、准确和适时反映工程质量状况等；检查质量管理文件主要是检查项目单位日常质量管理工作是否规范和有效。

2. 质量管理工作检查主要内容

（1）对项目公司质量管理工作检查。

1）检查项目公司是否按照国家及电力行业标准、规范和批准的设计文件组织设计、监理、施工、设备制造和生产等单位实施。检查项目公司是否按国家及行业规范组织工程验收。

2）质量管理体系及规章制度建立和执行情况。项目公司是否根据工程建设的实际情况，建立健全工程质量管理体系，制订适合本工程的质量责任制等质量管理实施办法。检查质量管理体系运作情况和质量管理办法的实施情况，是否有效。

a. 是否监督落实监理、设计、施工等单位在合同中承诺的资源投入；是否检查工程分包、民工使用和管理情况。

b. 根据工程规模，是否实施或委托实施进行试验测量，以抽检和复核施工承包单位上报的试验测量数据。

c. 是否组织或委托有相应资质的专门机构负责设备监造、出厂验收及设备运输监督。

d. 是否定期召开质量工作会议，检查质量管理工作，开展工程质量检查、考核及奖惩，及时上报工程质量状况、质量事故调查和处理报告。

e. 是否建立和完善工程质量管理与工程质量台账和工程档案。

f. 是否编制年度工程质量策划方案。

3）项目公司工程建设强制性条文贯彻执行情况。检查项目公司强制性条文购买、使用和执行情况。

4）项目公司推广应用标准施工工艺。检查项目公司宣贯、样板间的建立、培训、执行情况。

5）项目公司组织对已完成单元工程质量评定的部位进行抽检，是否按照规范要求进行质量评定。

6）项目公司在工程建设管理中成功的经验或存在的突出问题。

（2）对监理单位质量管理工作检查。

1）机构及人员配备。检查监理单位的资质和主要监理人员的资质证书和上岗情况，是否满足公司对监理人员持证比例的要求；有无监理分包、转包现象；是否按照监理合同规定做到监理设备、仪器到位开展工作；监理人员进场是否进行了进场考试。

2）监理工作制度。是否制定适合本工程的监理大纲、监理规划和监理实施细则；是否建立健全有效的质量管理体系，建立相应的规章制度和工作程序，明确各级监理人员的质量责任制；是否建立过程控制程序及实施办法，验收及检查签证制度和档案管理办法等。

3）执行情况。对主要原材料、中间产品按规定要求进行抽检，对进场材料、设备出厂检验证明、出厂合格证、质量证明材料的检验及开箱检查、抽检情况，抽检成果的整编统计是否正确；过程巡检和旁站监理成果；是否严格实行质量检查验收签证和质量评定制度，检查验收签证原始记录和单项工程质量综合分析成果是否真实、准确、完整。

检查监理日志、监理月报等监理资料和文件，是否及时、真实；对工程质量的报告及工程质量问题的处理是否及时、正确等情况。

4）对监理单位的工程档案保证金、标段结算保证金是否执行。

5）监理单位在工程施工监理中成功的经验或存在的突出问题。

（3）对施工（或安装）单位质量管理工作检查。

1）机构及资源配备。检查施工（或安装）承包单位是否按合同承诺资源投入；机构设置是否健全，项目经理及技术负责人资质和能力是否符合要求；是否在现场设立相应规模和设备、设施的试验室进行抽检、试验工作；参与本工程施工的技术工种是否坚持持证上岗；使用的民工情况和民工管理办法及落实情况。

2）质量管理体系建立和执行情况。 检查施工（或安装）承包单位是否建立健全质量管理体系，落实质量管理责任制、质量管理规定、质重奖惩办法、质量事故处理规定、工程质量工艺管理办法等管理规章制度。

3）施工（或安装）承包单位是否按照监理审批的施工组织设计进行施工；是否进行现场技术交底；是否认真执行质量三级（班组初检、作业队复检、项目部终检）检查制度；单元、分部、分项工程的质量评定（尤其隐蔽工程或部位）是否规范，有关检测资料是否准确完整，是否经过签收签证。

4）施工（或安装）承包单位是否建立质量缺陷、质量事故的报告制度，质量问题是否按“三不放过”原则进行处理；是否实行质量奖惩制度及实施情况。

5）施工（或安装）承包单位是否制订重要部位工艺和外观质量的措施及实施内容。

6）施工（或安装）承包单位制订的作业指导书是否满足包含标准施工工艺应用。

7）施工（或安装）承包单位是否严格执行强制性条文。

8）施工（或安装）承包单位是否做到档案资料整编与施工同步进行，保证竣工资料的真实性、完整性、准确性。

9）在工程施工中的成功经验、工程实体施工质量闪光点以及存在的突出问题。

（4）对设计单位质量管理工作检查。

1）设计单位质量管理体系。检查勘测设计单位是否严格执行勘测设计质量管理体系，勘测设计、科研试验成果的核审签证制度执行是否认真。

2）设计产品质量。 检查勘测设计是否满足国家强制性标准的要求，是否按照国家，电力行业的现行标准、规程、规范进行；对重大技术问题是否进行了充分的试验和论证。招标设计是否符合国家有关规定达到招标和合同实施的深度要求。

勘测资料是否与实际符合，如有重大偏差，是否及时反馈修改设计和采取相应工程措施；设计变更是否按照规定程序办理审批和设计变更手续；设计的优化和采用新材料、新工艺、新技术以及超出规范的技术质量标准是否进行技术经济论证和进行相应的审批手续。

3）设计供图。检查设计供图时间是否符合供图协议要求，是否满足现场施工需要；设计图纸是否满足强制性条文。

4）现场服务。检查勘测设计单位是否派出以设计项目经理或设计总工程师为首的专业配套、人员相对稳定的设计代表常驻工地；设计代表处是否主动关注工程施工质量，配合施工现场提供服务；根据现场施工情况及时准确地修改设计；是否参加隐蔽工程或重要部位验收签证。

5）设计变更。检查设计单位的变更通知是否满足工程建设需要，设计单位根据现场情况及时优化调整工程设计。

6）在工程设计和现场服务中的成功经验、工程设计特色和质量闪光点以及存在的突出问题。

（七）质量验收评定

项目建设单位应根据《水利水电建设工程验收规程》（SL 223—2008）和《水电工程验收规程》（NB/T 35048—2015）的要求，结合工程实际情况，开展工程质量验收评定管理工作。

1. 工程项目划分

项目建设单位依据国网新源公司《抽水蓄能电站工程项目划分导则》（Q/GDW 114126—2015）要求，结合工程结构特点组织监理、设计和施工承包商开展工程项目划分工作。监理单位应在进场 3 个月后编制完成工程项目划分表及说明书，报项目建设单位审核，质量监督机构审批。

工程实施过程中，如需要对单位工程、主要分部工程、重要隐蔽单元工程和关键部位单元工程的项目划分进行调整时，监理单位应重新组织设计单位、施工承包商审查，报项目建设单位审批。

项目建设单位应严格按照工程项目划分表组织单位工程验收评定，对分部工程和单元工程质量验评工作进行不定期检查。国网新源公司基建部对质量验评工作进行监督抽查。

2. 单元工程质量验收评定

（1）施工承包商按照《水电水利基本建设工程　单元工程质量等级评定标准》（DL/T 5113）组织内部三级自检，填写单元工程质量评定表，向监理单位申请报验。

（2）监理单位收到施工承包商提交的单元工程质量评定表后，及时组织施工承包商进行单元工程验收。

（3）隐蔽工程、重要部位和关键工序质量验收由监理组织施工承包商验收，项目建设单位和设计单位应派专业技术人员参加验收。

（4）单元工程质量验收中发现有质量缺陷或质量不合格的情况，由监理单位下发整改通知书，并组织审定质量整改技术方案，施工承包商整改后重新检查验收，直至合格。

（5）验收完成后，施工承包商及时按建设项目档案管理要求整理、汇总验收资料。

3. 分部工程质量验收

（1）分部工程验收由监理单位主持，验收工作组由项目建设单位及勘测、设计、监理、施工、主要设备制造（供应）商等单位的代表组成。

（2）分部工程具备验收条件且相关资料收集齐全、整理系统后，施工承包商向监理单位提交《分部工程验收申请报告》，监理单位审核同意后，组织验收工作组进行验收。

（3）监理单位组织现场验收，形成分部工程验收鉴定书。在验收鉴定书通过之日起30个工作日内，由项目建设单位负责发送至相关单位，并报送监督管理机关备案。

（4）分部工程验收遗留问题处理情况应有书面记录并经相关责任单位代表签字确认，该记录随分部工程验收鉴定书一并归档。

（5）分部工程质量验收中发现有质量缺陷或质量不合格的情况，由监理单位下发整改通知书，并组织审定质量整改技术方案，施工承包商整改后重新检查验收，直至合格。

（6）验收完成后，施工承包商及时按建设项目档案管理要求整理、汇总验收资料。

4. 单位工程质量验收

（1）单位工程验收由项目建设单位主持，验收工作组由项目建设单位及勘测、设计、监理、施工、主要设备制造（供应）商和质量检验部门等单位的代表组成。对于重要的单位工程，应报请公司基建部派员参加。

（2）单位工程具备验收条件且相关资料收集齐全、整理系统后，施工承包商向监理单位提交《单位工程验收申请报告》，监理单位审核后报项目建设单位。

（3）项目建设单位组织现场验收，形成单位工程验收鉴定书。在验收鉴定书通过之日起30个工作日内，由项目建设单位负责发送至相关单位，并报监督管理机关备案。

（4）单位工程验收遗留问题处理情况应有书面记录并经相关责任单位代表签字确认，该记录随单位工程验收鉴定书一并归档。

（5）单位工程质量验收中发现有质量缺陷或质量不合格的情况，由项目建设单位下发整改通知书，并组织审定质量整改技术方案，施工承包商整改后重新检查验收，直至合格。

（6）验收完成后，施工承包商及时按建设项目档案管理要求整理、汇总验收资料。

二、水电基建工程年度质量策划

（一）年度质量管理策划方案编制、审核和批准

（1）年度质量策划应作为全年的质量管理工作的主线，策划方案应体现分解任务、制定细则、落实措施、季度评价等内容，全面提升基建质量管理水平，有效解决本单位基建质量管理突出问题。

（2）国网新源公司基建部根据国家电网公司有关基建质量管理相关要求和质量活动主题，编制国网新源公司《工程建设年度基建质量管理策划方案》，策划方案主要内容应结合国网新源公司年度工程项目建设内容和特点，分析上年度质量管理取得的成效、存在问题和本年度质量管理工作计划及重点措施；经本部分管领导审批后报送国

家电网公司基建部评审，本部基建部根据国家电网公司评审意见修订完善后印发各项目建设单位和本部相关部门，作为国网新源公司系统全年基建质量管理的主要依据。

（3）每年 12 月份，项目建设单位工程部根据公司的《工程建设年度基建质量管理策划方案》，编制本项目《工程年度质量管理策划方案》，结合本项目年度工程内容和特点，分析项目上年度质量管理取得的成效、存在问题，制订本年度质量管理工作计划及重点措施。

（4）项目建设单位工程部将编制的《工程年度质量管理策划方案》报分管领导审核后，上报公司基建部。

（5）国网新源公司基建部组织相关专家集中评审，并下发评审意见，项目建设单位工程部根据评审意见修订后下发各参建单位执行，上报国网新源公司基建部备案。

（6）设计单位根据项目建设单位工程部下发的《工程年度质量管理策划方案》的有关要求，结合项目工程建设特点，重点提出《年度质量控制重点》、整理工程设计中涉及的强制性条文相关条款，列出强制性条文清单后落实到施工技术方案和图纸中。

（7）监理单位根据项目建设单位工程部下发的《工程年度质量管理策划方案》的有关要求，结合项目工程建设特点，修订《年度工程质量控制计划》和《监理细则》，落实到日常监理工作和工程验收中；审核施工承包商上报的年度质量管理计划和控制措施，报项目建设单位工程部备案。

（8）施工承包商根据项目建设单位工程部下发的《工程年度质量管理策划方案》的有关要求，制定《合同标段年度质量管理计划和质量控制措施》，报监理单位批准，项目建设单位工程部备案。

（9）《工程年度质量管理策划方案》主要内容包括下列方面：

1）正文。

a. 上年度基建质量管理工作总结；

b. 本年度基建质量管理工作策划。

2）附件。

a. 质量管理重点工作一览表；

b. 工程质量控制重点项目及措施表；

c. 质量通病重点防治项目清单和具体措施一览表；

d. 标准工艺应用清单和保证措施表；

e. QC 小组及小组人员名单表。

（10）工程年度质量管理策划方案应装订成册，并加上适当的索引，以标明其内容及修订状态。

（二）检查与考核

（1）国网新源公司基建部对各项目单位工程质量管理工作计划开展和重点管理措施的落实情况进行检查，并将检查结果纳入基建综合管理评价体系中。

（2）项目建设单位质量管理委员会办公室（工程部）负责项目工程质量管理工作计

划执行和重点措施落实情况检查，并在质量管理委员会召开的季度例会和质量管理委员会办公室召开的月度质量例会上进行分析、总结和评价，并将评价结果纳入承包商年度考核内容。

三、水电基建工程质量考核奖惩

国网新源公司基建部结合各类专项检查对项目建设单位工程质量检查管理进行监督、检查，对存在的问题没有及时整改或整改达不到要求的，由基建部对项目建设单位提出考核意见报分管领导审批，并纳入企业负责人年度业绩考核。国网新源公司安全监察质量部对基建质量管理工作和基建项目工程质量进行监督。基建单位工程部根据对各施工承包商工程质量检查管理的监督检查情况，依据合同有关约定对监理、施工承包商提出考核意见报分管领导审核、总经理审批。项目建设单位应根据《国家电网公司质量事件调查管理办法》，严格执行工程建设过程质量考核管理，按照合同要求，对参建施工承包商开展工程质量考核工作。

思考与练习

1. ISO 9000：2005《质量管理体系基础和术语》中对质量的定义，即：一组固有________满足________的________。

2. 水电基建质量管理主要内容包括________、________、________、________、________、________等。

3. 每年________月份，质管会组织召开一次年度质量工作会议，质管会________召开一次质量工作例会，工程质量协调会应________召开一次。

4. 工程质量验收评定包括________质量验收评定、________质量验收、________质量验收。

5. 每年________月份，项目建设单位工程部根据公司的《工程建设年度基建质量管理策划方案》，编制本项目《工程年度质量管理策划方案》。

6. 项目建设单位应根据《国家电网公司质量事件调查管理办法》，严格执行工程建设过程质量考核管理，按照________要求，对参建施工承包商开展工程质量考核工作。

7. 项目公司工程质量管理目标是什么？

8. 如何在工程管理过程中落实《年度质量管理策划方案》？

模块2　水电工程原材料管理（Ⅱ级）

模块描述　本模块主要介绍水电工程原材料计划采购管理、进场验收管理、使用跟踪等管理流程。通过知识讲授，掌握水电工程建设原材料管理的基本步骤和方法。

正 文

一、水电工程原材料计划采购管理

（一）物资采购计划管理基本概念

1. 原材料

原材料是指投入生产过程以制造新产品的物质。水电工程常用原材料主要有钢筋、水泥、砂石骨料、钢材、外加剂等。

目前国网新源公司甲供材料仅有压力管道所用钢板、异型铜止水接头、高压电缆等材料，其他原材料均由施工单位负责采购。

2. 原材料需求计划

原材料需求计划是指根据工程设计文件和进度安排对原材料的需求时间和需求量提前进行规划，提前进行预订，以保障工程生产需要。主要有总需求计划、年度需求计划、月度需求计划。

（二）甲供原材料计划采购管理内容

1. 年度需求计划管理内容

（1）年度需求计划范围与内容。

年度需求计划编制的主要范围包括基建、技改、信息化、固定资产零购、电源等项目所需对外购置的物资与服务，主要内容包括项目名称、项目类型、资金性质、资金来源、需求单位、计量单位、需求数量、估算单价、需求时间以及拟安排采购的批次名称等信息。

（2）年度需求计划分类。

年度需求计划根据采购方式分为《年度物资需求计划（招标）》和《年度物资需求计划（非招标）》，具体编制要求：

1）各单位应根据国网新源公司年度综合计划和预算，或列入国网新源公司年度预安排的计划和预算编制需求计划。

2）各单位在编制年度需求计划时应严格按照国网新源公司下发的年度物资需求计划编制模板进行编制，并通过 ERP 系统上报国网新源公司物资部。

3）年度需求计划应全面覆盖纳入年度固定资产投资计划、综合计划和财务预算的所有物资和服务，做到不重复、不漏报。

2. 批次采购计划管理内容

（1）批次采购计划管理内容。

1）批次采购计划是需求单位（部门）根据项目建设进度或生产经营情况，结合年度需求计划编制的物资或服务采购计划，是年度物资需求计划的具体执行和采购活动安排的依据。

2）各单位物资管理部门/本部物资需求部门根据年度物资需求计划，按照批次采购计划覆盖采购计划内全部物资和服务，批次采购计划与综合计划和预算有效衔接，合理安排各类采购批次的原则编制批次计划。

3）批次采购计划编制内容包括需求单位、项目名称、项目类型、物料编码、交货地点及方式、需求数量、估算单价和总价、交货日期和技术规范书等内容，招标采购计划需通过 ERP 系统同步进行上报。

（2）批次采购计划注意事项。

1）计划价格填报。计划价格需依据工程项目概算中所列设备的概算金额、市场同类物资价格及信息系统中设置的参考价格合理填报。

2）计划交货期填报。计划交货期应充分考虑项目里程碑计划、工程进度安排、现场预期收货检验保管条件、物资属性等，参考物资供应周期合理填报，原则上计划交货期不得早于合理的物资供应周期。

3）采购计划数量应按照设备材料清册准确填报。为保证招标采购的顺利进行，采购计划内应提前做好物料编码的申请和选择工作。确保采购与实际需求保持一致。对于存在最高限价、技术限制等特殊要求的，应在技术申报时专题说明。

3. 授权采购批次计划管理内容

对于采取已有的批次招标和非招标等集中采购方式无法满足需求的个别零星、特殊采购需求，由国网新源公司本部实施集中采购确有困难的，各单位可根据情况申请采用授权采购方式进行采购。

国网新源公司下发授权采购目录，各单位根据目录结合年度需求计划编制的授权采购批次计划，并按计划时间安排上报批次计划。授权采购计划应为年度需求计划内项目，否则应履行年度需求计划变更手续。

4. 批次外采购计划管理内容

（1）批次外采购计划管理。是指由于抢险救灾、突发事故；电网结构或设备存在缺陷和隐患，需要对设备或配件进行紧急更换；地方建设配套、重大社会活动、增供扩销等供电保障任务，造成物资需求部门无法按规定及时报送批次采购计划而产生的采购计划，分为紧急采购计划和临时采购计划两类。

（2）紧急采购计划管理。是指因设备严重缺陷、事故等危及电网安全而产生的采购需求。

（3）临时采购计划管理。是指因政府重要政治、经济活动、项目计划调整等因素产生的采购需求。

（三）乙供原材料采购管理内容

原材料由承包商按合同规定负责采购管理。为加强对原材料的质量管控，在原材料采购前，承包商应将原材料生产制造商的相关信息、产品合格证、检测试验报告、生产许可证、拟签采购协议等相关资料报监理审核，经监理审核符合合同规定的，并经项目公司确认后，方可采购。

二、水电工程原材料进场验收管理

（一）试验室建立

各承包商应自行设立满足工程建设所需的各类试验室，配备足够的人员和设备，负责其初始配合比设计试验、施工工艺和工程质量过程控制性的试验检测工作，并为监理人进行质量检查和检验提供必要的试验资料和原始记录。项目单位通过招标采购确定第三方试验室，包括土建试验室、物探试验室、金属结构试验室，项目单位招标确定的第三方试验室是工程现场的试验检测机构，凡属验收和质量评定范围的试验项目均由第三方试验室完成相关试验，承包商应在第三方试验室具备试验检测条件后，及时送第三方试验室检验，只有第三方试验室出具的试验、检测报告，才能作为本工程验收和质量评定的依据。监理抽检的土建、金属、物探试验检测项目由第三方试验室实施，监理对抽检项目的检测试验实行全过程旁站。

（二）设备与材料到场验收管理

1. 设备到场验收管理

项目建设单位工程部（物流中心）根据设备供货合同、工程进度要求，在大型设备到场前，检查现场运输路线，保证道路畅通。组织相关方（安装单位、物资运输承运人）使用适当吊装搬运工具，将大型设备存放在指定地点并采取适当的防护措施。监理单位应全程监督起吊搬运工作；项目建设单位安全监察质量部应旁站起吊搬运工作。项目建设单位工程部（物流中心）根据设备防护要求，对需要在仓库贮存的设备，在设备到场后应及时组织存放在仓库中，根据实际需要采取适当的防护措施，保护好设备标识。

监理单位组织项目建设单位工程部（物流中心）、安装单位、物资运输承运人对到达现场设备进行检查（核实设备名称、数量以及外包装情况）和验收（设备验收的内容一般包括货物清单、设备名称、型号规格、数量、随机备品配件、随机工器具、外观质量、产品标志、质量证明书、图纸资料），视到货设备状况组织相关单位进行验收，验收内容包括：

（1）对外观完好、标志清晰的非装箱设备，组织项目建设单位工程部（物流中心）、安装单位、物资运输承运人进行验收，填写××××设备到货接收记录单；如发现设备外部损伤或存在问题时，应通知设备厂家参加验收，填写××××设备到货接收记录单；对包装箱完好、标志清晰、暂时不需要开箱的装箱设备，组织项目建设单位工程部（物流中心）、安装单位、物资运输承运人参加验收，并填写××××设备到货接收记录单。待设备安装前再组织项目建设单位工程部（物流中心）、安装单位、设备厂家开箱验收，填写××××设备开箱记录单。

（2）对包装箱破损、标志不清的装箱设备，组织项目建设单位工程部（物流中心）、安装单位、设备厂家直接开箱验收，填写××××设备开箱记录单。如发现设备损伤或存在问题时，通知物资运输承运人参加验收。

设备验收合格，项目建设单位工程部（物流中心）参加验收人员填写××××设备验收入库单。若设备验收不合格，项目建设单位工程部（物流中心）参加验收人员记录不合格情况，监理单位参加验收人员填写不合格品处置单，经总监理工程师评审后，提交项目建设单位工程部（物流中心）相关专业技术人员进行评审，项目建设单位分管领导审核认可后按处置意见处置。

2. 甲供材料到场、验收及试验检测管理

项目建设单位工程部（物流中心）根据材料供货合同、工程进度要求，组织材料进场并通知监理方。材料到场后，监理人员组织相关方（施工/安装、物资运输承运人）使用适当吊装搬运工具，将材料存放在指定地点并采取适当的防护措施。

项目建设单位工程部（物流中心）组织（也可委托监理单位组织）本单位相关专业技术人员、仓库保管员、监理单位、施工/安装单位验收，检查材料的品种、型号规格、数量、外观质量、产品标志和质量证明书，检查合格后填写甲供材料验收单。由监理单位通知金属试验室进行抽样检测，监理单位进行监督，试验检测机构按合同规定以及该材料检测相关的国家或行业标准进行试验检测，并出具《××××检测试验报告》提交项目建设单位工程部（物流中心）、施工承包商、监理单位，经试验合格施工承包商方可使用；若试验不合格，监理单位填写不合格品处置单，经总监理工程师评审后，报项目建设单位工程部（物流中心），由项目建设单位工程部（物流中心）相关专业技术人员审核，经公司分管领导审核认可后按处置意见处置。

3. 乙供材料到场、验收及试验检测管理

承包商应及时通知监理单位组织验收，检查原材料观感质量、检验出厂合格证及检测报告，合格后方可入库。在原材料使用前，应按以下要求进行检测试验，检测试验合格后方可使用，经复试仍不合格的材料须在监理监督下退库处理。

（1）对构成工程永久建筑物及重要临时建筑物的土建、金属结构施工类各种原材料的检测试验，包括钢筋、水泥、粉煤灰、外加剂、砂石骨料、锚杆、锚索、铜止水片、橡胶止水带、砖石、化工建材、型钢、钢板、焊条等，均由第三方试验室负责检测试验。

（2）所有对外采购的原材料在到达工地现场由承包商接收后的 12h 内并在使用前，承包商应按照原材料检测的规范和合同要求，填写检测试验委托单通知试验室并抄送监理单位进行取样检测，承包商配合试验室进行取样，监理单位根据监理规范和监理合同关于原材料检测监理工作要求进行见证取样。

（3）承包商自行开采或生产的原材料（如砂石骨料、黏土料），在开采或生产堆存至现场贮料场后 24h 内并在使用前，承包商应按照原材料检测的规范和合同要求，书面通知试验室并抄送监理单位进行取样检测，承包商配合试验室进行取样，监理单位根据监理规范和监理合同关于原材料检测的监理工作要求进行见证取样。

（4）项目单位或监理单位独立提出对原材料进行检测要求时，书面通知试验室开展相应的检测工作。承包商应配合试验室做好取样工作。

（三）设备试验管理

对于到场后安装前需要做相关试验的设备，监理组织安装单位进行相关的试验，项目建设单位工程部（物流中心）专业技术人员参加。若在试验过程中发现不合格，监理单位填写不合格品处置单，经总监理工程师评审后，提交项目建设单位工程部（物流中心）相关技术人员审核，公司分管领导审核认可后按处置意见处置。

三、水电工程原材料使用跟踪管理

（一）原材料入库、发放与领用

（1）施工单位采购的原材料应符合合同规定的要求，在采购前应将厂家的资质、业绩、实验报告类证明材料等采购文件报送监理单位进行审批，监理单位审批后实施采购。

（2）原材料（含甲供材）到达现场后，除检验出厂证合格证外，还应由监理单位按规范要求进行现场见证取样、第三方试验室检测合格后方可使用。

（3）施工单位应建立原材料（含甲供材）使用的入库、领料和出库制度。

（4）施工单位应按规定办理原材料（含甲供材）入库、领用、出库等相关手续。施工领用单位，应填写原材料领用单，原材料领用单包括原材料领用单序号、材料名称、规格型号、出厂批号、材料数量单、领用数量、分部工程名称等内容，领用单上的全部项目应认真如实填写，不能缺项，要相关人员签字确认。

（二）原材料使用与跟踪管理

（1）施工单位应详细记录每批原材料（含甲供材）的使用部位，施工人员在原材料(含甲供材）加工前应认真核对和记录原材料的批号，加工好的半成品原材料应挂牌标识，标识具体使用部位或单元工程名称。

（2）原材料（含甲供材）在使用时由原材料使用人员填写施工单位原材料使用单，施工单位原材料使用单包括原材料领用单序号、材料名称、规格型号、出厂批号、材料数量单位、实际使用数量、分部工程名称等内容，使用单上的全部项目应认真填写，不能缺项。施工单位物资材料管理人员，应严格审查施工单位原材料使用单，对不符合要求或未注明原材料（含甲供材）使用工程部位的领用单，可拒收，不予发料。

（3）施工单位物资材料管理人员收集每份施工单位原材料使用单存档备查，对各种原材料（含甲供材）使用情况分类别汇总登记后抄送工程部，工程部对原材料（含甲供材）的设计量、领用量、使用量进行统计分析。

（4）基建项目单位工程部和监理单位，应对原材料（含甲供材）使用情况进行跟踪监督，发现问题及时督促整改。

（5）施工单位应建立监督记录，材料进货、领用、使用记录中的签名必须手签，确保做到原材料（含甲供材）使用管理的可追溯性。

（三）相关方职责

1. 监理单位

定期组织对工程建设原材料（含甲供材）使用跟踪管理情况进行检查，重点检查领用单是否填写真实、准确；试验检测报告是否齐全；是否建立原材料（含甲供材）跟踪台账。

2. 施工单位

严格执行原材料(含甲供材）出入库程序，审查原材料领用单和施工单位原材料使用单，建立出入库管理台账和材料跟踪使用台账，按规定参加工程建设原材料使用跟踪工作。

思考与练习

1. 水电工程原材料计划管理内容包括哪几部分？
2. 甲供材料进场以后，试验流程是什么？

模块3　水电工程质量检查（Ⅱ级）

模块描述　本模块主要介绍水电工程质量检查的常见组织形式，包括标准工艺引用检查、质量通病防治检查、强制性条文执行检查、试验检测检查以及质量常规巡视检查等。通过知识讲授，掌握水电工程质量检查的组织形式和基本方法。

正　文

一、水电工程标准施工工艺应用管理

（一）标准化施工工艺定义

标准化施工工艺是指经有关部门发布的业内成熟的具有可推广性的施工工艺。推广标准施工工艺对于项目建设单位统一施工工艺标准，规范施工工艺行为，提高施工工艺水平，促进水电工程建设质量的提高，起到积极的促进作用。

自2011年开始，国网新源公司编制下发了《国网新源控股有限公司抽水蓄能电站标准工艺示范手册》系列丛书，并在所属抽水蓄能及常规水电基建项目中大力推行标准施工工艺，对于提升工程质量及促进现场管理水平效果十分明显。

（二）标准施工工艺的组成

标准施工工艺由以下两部分组成：

1. 72项标准施工工艺

72项标准施工工艺涵盖土建、电气一次、电气二次、机械等四个部分。

（1）土建部分（34项）。包括：明挖施工工艺；坝基开挖及处理施工工艺；趾板混凝土工程施工工艺；堆石坝坝体填筑施工工艺；混凝土面板工程施工工艺；面板接缝止水施工工艺；坝前黏土铺盖施工工艺；砌石施工工艺；岩壁梁岩台开挖施工工艺；平洞开挖施工工艺；竖井开挖施工工艺；斜井开挖施工工艺；锚喷支护施工工艺；预应力锚索支护施工工艺；平洞衬砌混凝土施工工艺；井式洞衬砌混凝土工程施工工艺；地下厂房钢筋混凝土岩壁梁施工工艺；框架结构混凝土工程施工工艺；地下厂房蜗壳层以下混凝土工程施工工艺；钢管制作施工工艺；钢管安装施工工艺；钢管段衬砌混凝土施工工艺；进出水口混凝土施工工艺；钢筋混凝土防浪墙施工工艺；水泥灌浆施工工艺；钢筋混凝土电缆沟施工工艺；砖砌电缆沟施工工艺；沟盖板施工工艺；混凝土路面面层施工工艺；建筑与装修工程施工工艺；平面闸门安装施工工艺；固定卷扬机启闭安装施工工艺；液

压启闭机安装施工工艺；拦污栅安装施工工艺。

（2）电气一次部分（14 项）。包括：主变压器安装工艺；厂用变压器安装工艺；500kV GIS 设备安装工艺；500kV 高压电缆安装工艺；500kV 避雷器安装工艺；500kV 电容式电压互感器安装工艺；离相封闭母线安装工艺；发电电动机断路器安装工艺；母线式隔离开关安装工艺；电缆桥架安装工艺；20kV 及以下电力电缆安装工艺；接地装置施工工艺；全厂照明安装工艺；电缆防火封堵施工工艺。

（3）电气二次部分（8 项）。包括：二次电缆敷设及接线施工工艺；盘、柜、箱安装工艺；直流装置与蓄电池组安装工艺；继电保护及计算机监控系统安装工艺；通风空调系统安装工艺；通信装置安装工艺；自动化仪表工程安装工艺；工业电视系统安装工艺。

（4）机械部分（16 项）。包括：水泵水轮机尾水肘管安装工艺；水泵水轮机座环蜗壳安装工艺；水泵水轮机机坑里衬安装工艺；水泵水轮机安装工艺；进水球阀安装工艺；调速器系统安装工艺；定子绕组与绕组安装工艺；发电电动机转子安装工艺；发电电动机组装施工工艺；机组轴线调整及附件安装工艺；水力机械辅助设备及管理系统安装工艺；建筑消防报警系统安装工艺；机电设备水消防系统安装工艺；厂房桥机安装工艺；防腐及油漆施工工艺；焊条电弧焊、氩弧焊、银钎焊焊接工艺。

2. 9 项二次工艺设计

二次工艺设计是针对水电工程建设过程中细部结构进行的标准施工工艺设计。

（1）主要内容。包括：沟道及盖板设计；预埋管工艺设计；厂房细部设计；电缆桥架及电缆敷设设计；电气盘柜接线细节设计；小管路布置细部设计；支吊架细部设计；预埋件细部设计；铜止水设计。

（2）基本要求。工艺设计应明确专业设计的内容、设计依据、工艺要求；工艺设计满足工程建设强制性条文的要求，同时满足抽水蓄能电站工程细部结构设计技术要求；应采用先进的设计手段，电缆、管道、桥架必须采用三维设计技术，明确布置、走向、尺寸、安装高程及安装说明等专业工艺要求；工艺设计手册应包括目录、设计说明、施工详图（包括系统）等，其中施工详图应包括结构详图、材料表、施工说明等内容。

（3）组织与开展。每年年初，项目建设单位根据本年度计划开工项目实际情况，在本年度质量策划中将项目预计开展的标准施工工艺列出，并督促监理单位、施工承包商按照时间节点开展相关工作、包括建立标准施工工艺示范区、人员教育培训、标准施工工艺推广等工作内容。

（4）检查与考核。每季度，项目建设单位督促监理单位、施工承包商对照表 1–1 针对已开展的进行自查，并形成自查报告上报项目单位，项目单位针对开展情况进行总结、考核。

表 1–1　　××项目工程“标准施工工艺应用”专项考核评价细则

序号	评价项目	目标分值	检查得分	检查意见	检查方法	备注不适用理由
一	综合管理	20				
1	成立工艺质量管理工作小组，制订标准工艺应用计划	2			查验资料	
2	建立施工工艺的检查考核机制，在安全质量例会上总结标准施工工艺应用情况	2			查验资料	
3	宣贯《施工工艺示范手册》和国网新源公司有关提高工艺质量指导意见，并制定具体落实措施	2			查验资料	
4	建立工程项目相关的标准工艺样板实体示范区	2			查资料、现场查验	
5	现场推广施工工艺作业指导书，明确工艺流程和质量标准	2			查验资料	
6	72 项标准施工工艺应用率大于或等于 90%，每降低 1%，扣 1 分	3			查资料、现场查验	
7	9 项工艺设计应用率 100%，3 项二次工艺设计应用率 100%，每降低 1%，扣 1 分	3			查资料、现场查验	
8	成品保护意识强，保护措施到位	2			查验现场	
9	开展标准工艺创新研究，进行标准化施工工艺的总结和推广	2			查验资料	
二	土建施工工艺	40				
10	单元质量评定优良率大于或等于 88%，每降低 1%，扣 0.1 分	4			查资料、现场查验	
11	单元工程质量评定与实际不符，每发现一项扣除 0.5 分	4			查资料、现场查验	
12	混凝土外观型体尺寸及表面平整度局部超出规定，累计面积超过总面积的 0.5%，扣 0.2 分；超过总面积的 1%，扣 0.4 分，依此类推	2			查资料、现场查验	
13	混凝土外观无主筋外露，箍、副筋个别微露；主筋外漏一根扣 1 分，箍、副筋外漏一根扣 0.2 分	2			查资料、现场查验	
14	混凝土出现贯穿裂缝，扣 2 分；表面超规范要求裂缝发现一条扣 0.1 分	2			查资料、现场查验	
15	混凝土外观有少量麻面，累计面积超过总面积的 0.5%，扣 0.1 分；超过总面积的 1%，扣 0.2 分，超过总面积的 1.5%，扣 0.4 分，依此类推	2			查资料、现场查验	
16	混凝土外观有蜂窝空洞轻微、少量、不连续，深度不超过骨料最大粒径，单个面积超过 $0.1m^2$，扣 0.5 分；面积超过 $0.2m^2$，扣 1 分，依此类推	2			查资料、现场查验	
17	混凝土重要部位不允许碰损掉角，发现一次扣 1 分，其他部位轻微少量出现一处扣 0.2 分；混凝土裂纹过多，整体扣 1 分	2			查资料、现场查验	

续表

序号	评　价　项　目	目标分值	检查得分	检查意见	检查方法	备注不适用理由
18	混凝土浇筑出现施工冷缝，发现一处扣 2 分	2			查资料、现场查验	
19	边坡砌石平整度、石块嵌挤的紧密度、符合设计及规范要求，发现一处扣 0.2 分	3			查资料、现场查验	
20	岩锚梁钢筋混凝土形体尺寸及表面平整度不符合设计要求，漏筋、贯穿性裂缝，发现一处扣 3 分	3			查资料、现场查验	
21	电缆沟盖板不平整、结合不严实、美观度差；发现一处扣 0.1 分	3			查资料、现场查验	
22	开挖半孔率：节理裂隙不发育的岩体大于 80%、节理裂隙发育的岩体大于 50%、节理裂隙极发育的岩体大于 20%；每低于 10%，扣 0.2 分	3			查资料、现场查验	
23	开挖结构面超欠挖较大及平整度较差，发现一处扣 0.2 分	3			查资料、现场查验	
24	喷护混凝土表面厚度不均匀、裂缝较多，发现一处扣 0.2 分	3			查资料、现场查验	
三	机电安装施工工艺	40				
25	单元质量评定优良率大于或等于93%，每降低1%，扣 0.1 分	4			查资料	
26	单元工程质量评定与实际不符，每发现一项扣除 0.5 分	4			查资料、现场查验	
27	蜗壳/座环、球阀延伸管焊缝一次合格率大于 99%，每减少 1%，扣 0.5 分	4			查验评资料	
28	设备及管路焊缝饱满，平滑过渡，打磨出金属光泽，无咬边、气孔、夹渣、裂纹、未焊透等缺陷，每发现一处扣 0.1 分	4			现场查验	
29	蜗壳进口与压力钢管同心度偏差符合设计标准要求，每高于标准 10%，加 0.2 分，一处不合格，本项不得分	3			查资料	
30	底环、蜗壳/座环、顶盖、下机架、定子、上机架水平、中心、高程偏差符合《水轮发电机组安装技术规范》（GB/T 8564—2003）要求或制造厂要求。一处不合格，本项不得分	3			查资料	
31	管道弯制成形平滑，弯管处无变形；管路排列间距均匀、横平竖直，方位无偏差，发现一处缺陷扣 0.1 分	3			现场查验	
32	电缆桥架和管路支吊架切割整齐，统一方向长度一致，发现一处缺陷扣 0.1 分	3			现场查验	
33	电缆桥架横平竖直、整齐美观、间距均匀、连接牢固，每段桥架均有设备编号，发现一处缺陷扣 0.1 分	3			现场查验	
34	厂内各设备接地规范，标记符合规定，发现一处缺陷扣 0.1 分	3			现场查验	

续表

序号	评价项目	目标分值	检查得分	检查意见	检查方法	备注不适用理由
35	电缆敷设排列整齐美观、无交叉，每根电缆均有明显的编号标记，同一部位各层桥架上电缆敷设数量基本均匀，发现一处缺陷扣 0.1 分	3			现场查验	
36	盘柜内电缆接线排列整齐，接线牢固，电缆标示牌的固定采取前后交叠或并排、上下高低错位等方式，高低一致、间距一致、整齐牢固，发现一处缺陷扣 0.1 分	3			现场查验	
总计						
说明	1. 得分率=评价项目得分/参与评价的项目总分值×100%。 2. 请在备注栏中注明是否适用，不适用条款需说明理由					

二、水电工程质量通病防治管理

（一）质量通病定义

质量通病是指水电工程建设中普遍存在又经常发生的各类影响工程结构、使用功能和外形观感的质量问题或缺陷。

（二）质量通病防治管理原则

以源头预控，突出重点，稳步推进，规范处理为原则进行质量通病防治管理。

水电工程质量通病防治工作是落实国网新源公司开展质量提升活动的具体手段，是提高抽水蓄能电站工程质量管理水平的有效途径。在实施过程中，各单位要结合工程建设进展情况，制订工作计划，加强质量通病防治专业知识的培训，提升员工及参建单位人员的专业技术能力和质量意识，建立治理质量通病的考核机制，加强工程质量全过程控制，使质量通病的治理工作落实到每道工序中，切实提升工程实体质量。

（三）质量通病及防治措施

水电工程质量通病防治包括管理措施、土建施工、机电施工等三个部分，详见表 1–2。

表 1–2　　水电工程建设质量通病及防治措施表

序号	质量通病名称	易发生部位	形成原因	预防方案或技术措施	备注
			第一部分　管理篇		
1	项目公司年度质量策划方案可操作性不强，无针对性和前瞻性，指导性不强，重点工作不突出		项目公司未认真组织学习国网新源公司文件精神，未组织各参建单位进行具体分析，未针对年度工程进度计划全面考虑，具体编写人员责任心不强，项目公司审核不认真	项目公司开展质量策划工作时，要组织参建单位针对年度重要作业项目分析、讨论，针对存在问题、面临形势和重点工作开展策划，对策划方案审核把关，并以文件形式下发到工程项目中落实执行	
2	参建单位二次质量策划方案流于形式，未进行动态调整，重点工作不落实		参建单位未针对合同工程作业项目进行细化，项目公司组织、督导工作不到位	开工前，由项目公司监督指导参建单位主要负责人和相关质量管理人员召开工程质量策划会，对照工程重点工作要求和工程内容，分层、分类策划各阶段工作	

续表

序号	质量通病名称	易发生部位	形成原因	预防方案或技术措施	备注
3	项目公司、监理、施工承包商质量管理制度未及时修订		项目公司、监理、施工承包商对质量管理制度未实行动态管理	项目公司、监理单位和施工承包商应按照国家电网公司基建质量管理规定和国网新源公司有关规章制度，分别制定管理制度，并实施动态管理，及时修订	
4	措施方案无针对性，编、审、批不规范，监理单位未按规定审批质量施工方案，无文件审查记录		施工承包商技术负责人责任心不强，业务能力不强，监理单位审核不认真	施工承包商必须由相关技术人员编审方案措施，提升技术负责人责任心和质量业务能力，监理单位把好内容和规范性审核关。项目公司组织阶段性抽查	
5	引用文件内容、版本错误、失效		项目公司及各参建单位未对工程技术文件实行动态管理，文件档案管理不规范	上级部门颁发的文件更新时，项目公司、监理、施工承包商应及时补充引用文件的版本或内容修改说明。各单位必须存放纸质有效文件和手册等，建立、更新有效质量管理文件目录	
6	反映质量管理过程控制的数码照片质量不高，分类不规范，整理不及时		项目公司、各参建单位工程技术人员对公司规章制度不熟悉，项目公司未组织宣贯	项目公司、各参建单位在工程建设各阶段必须进行数码照片采集，标注每张照片拍摄内容，定期进行照片整理归类	
7	质量文件传递不及时，未组织学习或培训，执行不到位		项目公司对上级有关文件重视度不够，具体工作人员责任心不强	建立质量管理人员信息群，项目公司将文件第一时间发各参建单位。文件到达后，各参建单位根据文件内容第一时间组织相关人员学习、培训，结合工程逐条落实。学习记录签字备查	
第二部分　土建篇					
一	土石方开挖				
8	洞室开挖边墙不平整度过大	通风兼安全洞、交通洞洞口	（1）钻孔角度控制不到位。 （2）爆破参数不合理	（1）准确测量放出边坡开口线，提高钻孔精度。 （2）缩小光爆孔间距，减少线装药密度	
9	排炮间错台较大	通风兼安全洞顶拱	钻孔精度、装药量控制不到位	严格按设计要求钻孔，控制好装药量，地质情况较差、局部出现坍塌时根据实际情况尽快做初期支护进行封闭处理	
10	边坡开挖不平整度过大，出现错台现象	上、下水库连接公路	（1）测量放样不准确。 （2）造孔角度控制不到位	（1）挖循环准确测量放样确定孔位。 （2）跟钎作业方式	
11	爆破开挖半孔率低	通风兼安全洞、进厂交通洞	（1）钻孔时未按设计要求间距进行布孔。 （2）岩石较为破碎，爆破后无法形成半孔。 （3）爆破装药结构不合理，线装药密度、装药量过大或装药不均	（1）开挖前，测量人员认真校核控制点，严格按设计要求进行洞身、边坡放线。 （2）根据钻进速度及岩粉性状，分析钻孔各段的岩性变化，调整线装药密度。根据岩石条件科学编制爆破设计。 （3）建基面开挖时，严格控制钻孔钻入建基面岩体，控制建基面底部装药。 （4）爆破作业后，对岩石爆破的效果进行现场实地检查，对爆破参数进行适当调整，确保保留岩体不受爆破震动破坏	

续表

序号	质量通病名称	易发生部位	形成原因	预防方案或技术措施	备注
12	开挖面不平整、超欠挖	地下厂房、通风兼安全洞、进厂交通洞	（1）钻孔过程中未严格控制好精度，主要是垂直方向的角度控制和水平方向的平行度。孔深较大，导致钻杆发飘，在底部出现孔位偏斜。 （2）边坡陡峭，钻孔作业面狭小，造成钻机摆放困难，钻孔角度无法较好控制	（1）架设导轨和安装机具时检查孔距、钻具倾角与倾向，光爆孔重点检查拐点处的钻孔角度。 （2）加强现场测量控制，对周边孔的测量要做到间距合理，放样准确，方向角布置合理，容易钻工掌握。 （3）采用罗盘对角度、孔位偏差进行严格控制，钻孔倾角误差不大于 1.5°，孔位偏差不大于 5cm。有条件的部位架设钻孔样架。 （4）减小预裂钻孔的梯段深度，针对不同孔深选用合适的钻孔机械。 （5）装药前清除孔口岩粉后再取出孔口保护装置，并检查钻孔深度，保证装药到位。 （6）针对不同围岩、地质条件及时调整爆破方案。 （7）对不利组合、结构面等及时进行支护	
13	马道成形不好	上水库高边坡	（1）马道结构处爆破开挖时没有预留保护层，直接爆破造成结构面不平整或超挖。 （2）边坡预裂孔钻入建基面过深或底部装药量过大，造成马道内侧岩石破坏。 （3）边坡主爆孔、缓冲孔距离马道结构过近或装药量过大，造成马道外侧岩石破坏。 （4）马道结构处地质条件差，难于形成稳定的马道，易整体塌滑或局部沿结理面垮塌	（1）在进行马道开挖时预留保护层，保护层厚度根据岩石条件确定。 （2）控制边坡预裂孔钻孔深度及装药量，防止对马道内侧岩石造成破坏。 （3）控制边坡主爆孔、缓冲孔与马道距离并控制装药量，防止对马道外侧岩石造成破坏。 （4）对马道部位爆破揭露地质情况进行普查，根据地质情况和监理、设计联系采取适当的措施进行处理	
14	塌方	上水库高边坡	（1）边坡地质条件变化，有强风化体、破碎带、坡积体等，导致边坡失稳。或者边坡后有滑移面或断层，开挖后边坡在前沿失去支撑情况下沿滑移面整体下滑。 （2）爆破施工时，装药量过大，造成对边坡岩石破坏或松动，产生局部塌滑。 （3）边坡在有地下水或表层水冲刷下，土层浸泡后抗剪强度降低，在重力作用下发生塌滑。 （4）边坡顶部堆积物过多，负重过大，或受外力震动，导致失稳	（1）根据边坡地质情况，与设计联系选择合适的边坡坡比。如有滑移面等不稳定岩体，应根据情况提前做出挖除等处理。 （2）边坡开挖后及时进行边坡支护施工。 （3）做好边坡排水和导流措施，根据情况开挖坡顶截水沟。 （4）自上而下进行开挖，及时外运弃渣料。避免在边坡顶部堆渣或行车，并确保一定安全距离。 （5）严格控制装药量，防止爆破震动对边坡岩石造成破坏或松动	
15	洞室开挖个别桩号爆破成型较差	引水系统	由于中检洞揭露岩石发育，出现塌方掉块现象	设计、监理、施工及时确定处理、支护方案，在此段采取超前锚杆支护，短进尺、弱爆破的方法保证施工安全	

续表

序号	质量通病名称	易发生部位	形成原因	预防方案或技术措施	备注
16	土质边坡超挖	上、下水库连接公路	（1）开挖时未搭设样架或其他控制标识，挖机操作手未按设计坡比进行开挖，造成边坡超挖。 （2）边坡坡比过陡，或雨水冲刷等原因造成边坡失稳，出现塌滑现象，导致边坡超挖	（1）开挖前严格按设计要求进行边坡放线。 （2）架设样架或其他控制标识，以便开挖时进行参考、控制。 （3）采取措施尽量减少边坡汇水或爆破震动对土质边坡的影响。 （4）根据边坡土的性质，合理调整开挖坡比，防止出现边坡塌滑	
17	洞室开挖个别桩号半孔率较低、岩面起伏差较大	引水系统	施工人员未熟练掌握钻孔技巧	加强施工人员对规范的学习和技能的培训工作，严格按照设计规范施工，控制周边孔的间距、下钻角度、装药量，保证洞室开挖施工质量	
18	欠挖	地下厂房母线洞	（1）钻孔深度不够、孔间距过大，装药量不足。 （2）施工测量出现偏差。 （3）施工管理紊乱	（1）造孔前根据爆破设计准确放样，钻孔时严格按放样点起钻。 （2）钻孔时严格控制钻孔角度，重要结构部位采用样架控制	
19	开挖错台	尾水隧洞	（1）钻孔外偏角过大。 （2）孔深过大，造成外偏值过大。 （3）结构尺寸变化较大	（1）加强测量放样控制。 （2）严格控制钻孔角度（3° 以内）和深度（根据实际外偏角确定）	
20	孔距不均匀、八字孔	尾水调压井	（1）未严格放样，或不按放样点起钻。 （2）相邻孔孔向不平行	（1）造孔前根据爆破设计准确放样，钻孔时严格按放样点起钻。 （2）钻孔时严格控制钻孔角度，重要结构部位采用样架控制	
二	支护工程				
21	拱架底脚悬空	所有洞室需要拱架支护部位	分层开挖下层立柱接引不及时、施工中由于底板超挖、立柱底脚处浮渣未清理干净、底脚垫块不稳固等原因，造成拱架底脚悬空	分层开挖及时做好下层拱架支护，先提前预制好混凝土垫块。在拱架安装前，将拱架立柱底脚处的浮渣清除干净，并将底面凿成大致平面。在拱架立柱安装就位后，根据底脚与基面间的距离，垫塞厚度合适的混凝土垫块，底脚与混凝土垫块间小的空隙采用小块钢板填塞，然后固定立柱	
22	拱架扭曲或倾斜	所有洞室需要拱架支护部位	（1）加工工艺粗糙，拱架制作尺寸与设计尺寸不符。 （2）在运输、起吊过程中，拱架发生扭曲变形。 （3）安装时未测放出安装断面的控制点、控制点密度不够。 （4）安装断面欠挖未经处理，安装尺寸不够，人为扭曲拱架或将拱架倾斜安装	（1）提高加工工艺，确保制作精度，每榀拱架分节加工好后，在场内先进行预拼装，并经过验收。 （2）在运输时要有可靠的固定及支撑措施，在起吊时要做到轻起轻落，避免碰撞。 （3）对拱架安装断面进行检查验收，欠挖部分必须全部凿除处理。 （4）安装前，由测量人员测放出安装断面的控制点，控制点的密度要求分节安装时每节的控制点不少于2个	

续表

序号	质量通病名称	易发生部位	形成原因	预防方案或技术措施	备注
23	拱架固定不牢靠	所有洞室需要拱架支护部位	（1）固定锚杆的数量不够或分布不均匀。 （2）固定拱架的锚杆（部分利用系统锚杆）的孔位偏差，导致锚杆与拱架间隔较大距离，影响加固效果。 （3）锚杆与拱架未焊接或焊接不牢靠	根据拱架计划安装位置，确定加固锚杆布置，由测量人员测放孔位，确保锚杆位置准确。对锚杆与拱架间焊接质量进行检查，对焊缝长度不够或焊缝不饱满的部位进行补焊，对锚杆与拱架未紧贴的部位采用帮条焊接	
24	锚杆钻孔角度不符合要求	边坡支护和洞室顶拱	现场施工人员为图省事，不愿频繁更换钻杆，受钻孔作业平台高度及平台与岩壁间的距离限制，而采用倾斜钻孔，导致钻孔角度不符合要求	根据洞型尺寸及支护要求制作支护作业平台，要能满足各个孔位锚杆钻孔作业要求。加强施工过程质量控制，规范工人的作业行为，对作业平台与岩壁间距离较小的部位，要求先采用较短的钻杆开孔	
25	锚杆注浆不密实	边坡支护和洞室顶拱	（1）注浆工艺、及配合比不符合工艺性实验要求。 （2）未清孔或清孔不彻底，注浆时孔内残渣堵塞注浆孔。 （3）注浆管未伸入到孔底，孔内空气不能排出，形成气泡。 （4）向下倾斜的孔未安装注浆塞，在注浆过程中及插入锚杆时浆液流失	（1）在注浆前，采用高压风或高压水扫孔，并逐孔检查。 （2）将注浆管伸入孔底，再退回少许，使灌浆管距孔底10～20cm。 （3）向下倾斜的孔注浆时，孔口安装止浆塞和回浆管，在杆体安装后，用水泥砂浆球封堵孔口	
26	锚杆锚固长度不够	边坡支护和洞室顶拱	钻孔深度不够。锚杆下料长度不足。伸入孔内长度不够。锚杆注浆不密实，导致锚杆锚固的有效长度不够	加强施工过程质量控制，在锚杆安装前，对钻孔深度和锚杆下料尺寸进行验收。在锚杆安装过程中，由质检员严格控制注浆质量及锚杆插入长度（控制外露长度）	
27	锚杆无损检测、拉拔力检测达不到设计要求	边坡支护和洞室顶拱	导致锚杆无损检测、拉拔力检测达不到设计要求的原因很多，除注浆不密实、锚固长度不够外，注浆材料强度低、杆体有效截面偏小、杆体材质差、杆体油污或锈皮未清除导致摩擦力小、孔壁积渣积灰（未清孔或清孔不彻底）导致摩擦力小等原因均可能导致锚杆拉拔力检测达不到设计要求	（1）在锚杆注浆前验孔、验筋，材质不符、锈蚀严重的钢筋不得使用，钢筋未清理干净、孔内有积水积渣不得进行锚杆安装。 （2）注浆浆液配合比通过试验确定，在施工时测定骨料含水量，并据此调整确定生产配合比，在施工中严格按生产配合比执行，确保浆液质量。 （3）对注浆过程进行检查，控制注浆压力，先插杆后注浆，注浆至孔口溢浆才结束，并做好锚杆注浆记录	
28	挂网钢筋不满足设计要求	边坡支护和洞室顶拱	（1）挂网钢筋未按设计要求进行加工。 （2）挂网钢筋焊点数量少，焊接质量差。钢筋绑扎长度不足。 （3）未严格按照设计间排距进行钢筋网挂设，导致间排距不均匀或间距不满足要求。 （4）读图错误或施工方（或作业人员）偷工减料	开工前进行技术交底，施工中加强检查，完成后严格按程序验收，发现问题及时纠正	

续表

序号	质量通病名称	易发生部位	形成原因	预防方案或技术措施	备注
29	喷层厚度不够	边坡支护和洞室顶拱	喷射混凝土前未埋设喷层厚度标志，导致喷层厚度不均匀，局部厚度不够。施工方（或作业人员）偷工减料	（1）设置控制喷射混凝土厚度的标志。 （2）喷射作业应分段、分片、分层、由下而上顺序进行，喷护面应用风水清洗干净。 （3）当受喷面有滴水、淋水、集中出水时，应进行处理。 （4）在喷射结束后 4h 内不得进行下一循环的爆破作业，防止爆破震动造成喷混凝土脱落	
30	喷层脱落	边坡支护和洞室顶拱	（1）基面有松动岩块、夹泥层、岩屑等未按要求清理干净。 （2）基面渗水量大，且未采取有效措施导引排水。 （3）混凝土料质量不符合要求，如配合比、坍落度不符，或采用回弹料重新拌和使用。 （4）单层喷射混凝土层厚过大。 （5）分层喷射时，后一层喷射在前一层混凝土终凝前进行，或在终凝 1h 后进行却未用风水清洗湿润喷层表面。 （6）爆破震动影响	（1）在喷射施工前对基面进行验收，确保基面清理彻底、符合要求。 （2）有明显渗水的部位，设置随机排水管排水。 （3）喷射混凝土配合比通过试验确定，在施工时测定骨料含水量，并据此调整确定生产配合比，控制坍落度，在施工中严格按生产配合比执行，确保混凝土质量。 （4）严禁回弹料重新拌和使用。 （5）当喷层厚度较大时，必须严格分层喷射，避免单层喷射厚度过大。 （6）分层喷射时，后一层喷射应在前一层混凝土终凝后进行，若终凝 1h 后再进行喷射时，应先用风水清洗喷层表面，以利于层间结合。 （7）当喷射作业距开挖面较近时，喷射混凝土终凝后 4h 方能进行爆破作业	
31	喷射混凝土强度达不到设计要求	边坡支护和洞室顶拱	（1）混凝土拌和物质量不满足要求，产生原因包括原材料质量不合格、各种材料掺量未按配合比执行、拌和不均匀、掺入回弹料重新拌和等。 （2）喷射混凝土未按要求养护	（1）严格控制原材料质量，进场原材料必须进行抽样检测，并报监理批准后，才准许使用。 （2）拌和时严格按配合比控制各种材料的掺量。 （3）混凝土拌和采用机械拌和，并控制拌和时间，确保拌和均匀。 （4）严禁使用回弹料及已初凝的拌和料重新拌和。 （5）加强喷混凝土的后期洒水养护	

续表

序号	质量通病名称	易发生部位	形成原因	预防方案或技术措施	备注
32	锚索在张拉时钢绞线的实际伸长值小于理论计算值	通风兼安全洞、进厂交通洞洞口	黏结式锚索的张拉段长减小所致，而导致锚索张拉段长减小的直接原因，是锚固段灌浆时，水泥浆液灌入量远大于锚固段内的需浆量，尤其是在岩石破碎、节理裂隙发育的部位布置的锚索，并要求在锚索的锚固段顶部设置制浆塞，采用压力灌浆，直至排气管出浆为止，致使在对锚固段灌浆时，多灌入的水泥浆液绕塞返浆进入了张拉段内，导致锚梭的实际张拉段长减小	（1）在岩石破碎、节理裂隙发育部位设置无黏结式锚索。 （2）在钻孔过程中，通过灌注浓浆处理堵塞住串、漏浆的岩石裂隙通道，在锚索下入孔内之前，对全孔进行一次灌浆，直至孔内不再存在较大的漏浆或串浆通道。 （3）不设置止浆塞，对锚固段定量注浆，以防出现绕塞返浆。 （4）通过自由段灌浆管检查锚固段是否已经注满浆液，当发现所灌浆液已经灌入自由段内时，通过自由段灌浆管对自由段进行清洗，以将自由段内的浆液清洗出孔外，不使之握裹住张拉段内的钢铰线，切实保证锚索自由段的长度符合要求	
33	锚索在张拉时钢绞线的实际伸长值大于理论计算值	通风兼安全洞、进厂交通洞洞口	（1）地质方面的原因，当岩石抗压强度较低、岩石破碎、节理裂隙密集，岩石空隙率大，岩石受压后产生较大的压缩变形量。表层岩石抗压强度低，外锚墩受力后出现位移下陷，致使钢绞线的实际伸长值大于理论计算值。 （2）实际张拉段长大于理论段长，由于锚固段内所灌入的水泥浆液干缩下沉，或部分浆液通过裂隙流失，导致水泥浆液对钢绞线的有效握裹长度减小，实际锚固段长小于理论段长，锚固段上部成了自由段，故此出现实际张拉伸长值大于理论计算值。 （3）工具锚夹片出现滑移，测量伸长值增大，这是一种假象	（1）在锚索孔钻孔阶段，对钻孔进行固结灌浆，以提高岩石的完整性及弹性模量，减小岩体变形。 （2）当孔口为强风化岩层或土层，抗压强度较低时，增大外锚墩与强风化岩层或土层的结合面面积，如采取增大外锚墩的体型尺寸，将锚墩设置为钢筋混凝土网格梁或钢筋混凝土板墙，以防止锚墩受力后出现下陷。 （3）对锚固段先行灌浆处理，消除漏浆通道。 （4）经常清洗工具锚夹片，保持其齿槽内清洁，当夹片出现磨损时及时更换夹片	
34	张拉锚索通过压力表反映的张拉力与应力计反应的张拉力出入较大	通风兼安全洞、进厂交通洞洞口	主要是系统误差原因造成的，尽管张拉设备、仪表、测力计均已经过了率定，但其自身误差是始终存在的，也是不可避免的，如当测力计安装不平，未与锚垫板紧密结合，未对中孔口中心，气候温度变化，张拉设备未与测力计配套率定，当多种误差出现叠加时，就会出现测力计反应出的锚索拉力与张拉设备反应的锚索拉力不一致，甚至两者差距较大。张拉时反应张拉力的压力表安装位置与锚索孔口位置高差较大，高于孔口时实际张拉力就偏大，低于孔口时，实际张拉力就偏小	（1）张拉前对张拉设备与所使用的测力计联合率定。 （2）精心安装测力计，减小测力计的安装误差。 （3）力求使反映张拉力的压力表的安装位置与锚索孔口在同一高程位置上，或尽量减小两者的高差，也可根据压力表与锚索孔口的高差经过换算增大或减小压力表的指示数值	

续表

序号	质量通病名称	易发生部位	形成原因	预防方案或技术措施	备注
35	张拉过程中或张拉后混凝土墩出现被压裂	通风兼安全洞、进厂交通洞洞口	主要是锚墩混凝土墩的强度偏低或锚墩与岩石结合面不平整出现应力集中所致，如混凝土配合比不当，混凝土强度低于岩石强度，混凝土龄期短，未达到强度要求时就提前进行张拉等	（1）对孔口岩石面凿平后浇筑外锚墩混凝土。 （2）锚墩混凝土浇筑严格按照试验室配方配料搅拌混凝土。 （3）锚墩混凝土浇筑完成后应及时养护。 （4）混凝土龄期未达到强度要求不能提前进行张拉	
36	张拉过程中或张拉后钢铰线被拉断	通风兼安全洞、进厂交通洞洞口	（1）钢铰线在冷拔过程中残留有较高的内应力，容易产生锈蚀，甚至导致应力腐蚀或氢脆断裂。 （2）孔内有酸性地下水，对锚索产生腐蚀。 （3）钢铰线质量存在通病，如表面有点状腐蚀坑或局部夹杂物，在高应力状态下引起应力集中而出现断裂。 （4）钢铰线保管防护不善，表面防护层局部破损，造成钢铰线严重锈蚀，两种金属长期直接接触引起电化学腐蚀，强度降低，在高应力作用下产生断裂。 （5）整束锚索张拉时，各根钢铰线受力不均匀，受力大的钢铰线大于破断荷载时出现断裂	（1）新购钢铰线在试验室做受力性能试验，性能指标符合要求后才用于工程施工。 （2）对钢铰线做好防护工作，如不得与其他金属材料或具有腐蚀性的化学材料混堆在一起，露天堆放时，不得与地面直接接触，并遮盖防水雨布。 （3）黏结钢铰线下料时注意检查其表面有无易引起应力集中的腐蚀坑，及其他质量通病，确认无质量通病后方可用于制作锚索。 （4）对含有酸性地下水的锚索孔应认真做好灌浆处理，减少渗水。尽早对锚索进行张拉。在锚索张拉之前往孔内灌注 pH 值大于 12 的石灰水或碳酸钠溶液，以对锚索进行临时防护。 （5）采用防腐型锚索。 （6）锚索整束张拉之前，先用轻型小千斤顶对各根钢铰线进行对称预紧张拉，使之充分绷直，以使锚索在整体张拉时，各根钢铰线能够均匀受力	
37	张拉过程中或张拉后外锚墩出现下陷	通风兼安全洞、进厂交通洞洞口	锚索孔口岩层或土层的抗压强度较低，混凝土锚墩与岩石结合面积偏小所致	增大混凝土锚墩与锚索孔口岩层或土层的结合面积，如增大锚墩的体型尺寸或改为钢筋混凝土网格梁、钢筋混凝土板墙等	
38	张拉结束锁定时应力损失过大	通风兼安全洞、进厂交通洞洞口	（1）夹片夹持紧钢铰线时产生的预应力损失。 （2）锚具与夹片配合公差产生的预应力损失。 （3）操作方面原因引起的预应力损失。 （4）限位板与工作锚具的配合不好	（1）减小限位板的空腔槽深度。 （2）采取补偿张拉措施。 （3）提高超张拉系数，将超张拉系数由 1.1 提高到 1.15，增大超张拉力	
39	张拉后应力损失过大	通风兼安全洞、进厂交通洞洞口	（1）钢铰线与孔壁之间摩阻产生的预应力损失。 （2）地质条件原因造成的预应力损失	（1）对锚索孔进行固结灌浆处理，以提高岩石的完整性、抗压强度及弹性模量。 （2）适当提高锚索的超张拉系数，即通过提高超张拉力，来弥补部分预应力损失。 （3）当预应力损失较大时，待地层充分变形之后，即待锚索预应力损失趋于稳定之后再做补偿张拉	

续表

序号	质量通病名称	易发生部位	形成原因	预防方案或技术措施	备注
40	张拉过程中锚固段被拉松		（1）锚固段的浆液结石强度不够，达不到张拉所需的强度，就会将锚固段拉松。 （2）锚索孔伸入完整岩石内的深度不够，甚至还未伸入完整岩石内，锚根段内的岩石强度偏低，或低于水泥浆液结石的强度时，将锚索的锚固段拉松。 （3）锚固段钢铰线捆扎过紧钢铰线之间没有间隙或间隙过小，水泥浆液对钢铰线的握裹层厚度较小，水泥结石对钢铰线的握裹力小于张拉力，导致锚固段被拉松	（1）使用能够满足张拉所需强度要求的高标号水泥。 （2）严格按照试验室提供的配方配置水泥浆液。 （3）水泥浆液灌入孔内后，在未凝固之前，不得人为扰动锚索。 （4）锚索孔全孔钻完之后，在锚索下入孔内之前，对全孔进行一次固结灌浆，减少孔内渗水。 （5）在钻孔过程中，当遇到宽大裂隙或断层破碎带时，应停止钻进，对钻孔固结灌浆之后再行钻进，以防浆液漏掉。 （6）在钻孔过程中，当遇到塌孔、掉块时，应停止钻进并对钻孔进行固结灌浆处理，待凝之后再扫孔钻进。 （7）锚固段钢铰线不能捆扎过紧，当使用无黏结钢铰线时，锚固段内的钢铰线上的油脂应清洗干净	
三	混凝土工程				
41	梁、柱、板混凝土出现蜂窝、麻面、龟裂、孔洞和露筋	楼房梁柱、建筑物基础，出线塔基、梁板混凝土	（1）混凝土搅拌时间不够，未拌和均匀，和易性差。 （2）混凝土未分层下料，振捣不实，或漏振，或振捣时间不够。 （3）模板表面未清洗干净，缝隙未堵严，水泥浆流失。 （4）钢筋较密，使用的石子粒径过大或坍落度过小	（1）采用合理的浇筑顺序和方法，采用正确的振捣方法，防止漏振或过振。 （2）模板表面清理干净，模板脱模剂应涂刷均匀，不得漏刷。 （3）控制好骨料级配和水的用量。 （4）混凝土浇筑前充分搅拌，拌和均匀。 （5）合理考虑模板周转次数，缝隙使用胶带粘贴封堵。 （6）合理设计坍落度，并严格检测控制。 （7）高标号混凝土必须密封防止过早失水开裂	
42	蜂窝	进出水口及启闭机房	（1）下料不当或下料过高，未设串筒使石子集中，造成石子砂浆离析。 （2）混凝土未分层下料，振捣不实，或漏振，或振捣时间不够。 （3）模板缝隙未堵严，水泥浆流失	混凝土下料高度超过 2m 应设串筒或溜槽：浇灌应分层下料，分层振捣，防止漏振：模板缝应堵塞严密，浇灌中，应随时检查模板支撑情况防止漏浆	

续表

序号	质量通病名称	易发生部位	形成原因	预防方案或技术措施	备注
43	麻面	溢洪道、上下水库进出水口	(1)模板表面粗糙或粘附水泥浆渣等杂物未清理干净，拆模时混凝土表面被黏坏。 (2)模板未浇水湿润或湿润不够，构件表面混凝土的水分被吸去，使混凝土失水过多出现麻面。 (3)模板拼缝不严，局部漏浆。 (4)模板隔离剂涂刷不匀，或局部漏刷或失效，混凝土表面与模板黏结造成麻面。 (5)混凝土振捣不实，气泡未排出，停在模板表面形成麻点	模板去面清理干净，不得粘有干硬水泥砂浆等杂物，浇灌混凝土前，模板应浇水充分湿润，模板缝隙，应用油毡纸、腻子等堵严，模板隔离剂应选用长效的，涂刷均匀，不得漏刷。混凝土应分层均匀振捣密实，至排除气泡为止	
44	掉角	开关站 出线塔基	(1)混凝土浇筑后养护不好，造成脱水，强度低，或模板吸水膨胀将边角拉裂，拆模时，棱角被粘掉。 (2)低温施工过早拆除侧面非承重模板。 (3)拆模时，边角受外力或重物撞击，或保护不好，棱角被碰掉。 (4)模板未涂刷隔离剂，或涂刷不均	混凝土浇筑后应认真浇水养护，拆除侧面非承重模板时，混凝土应具有 1.2N/mm^2 以上强度。拆模时注意保护棱角，避免用力过猛过急。吊运模板，防止撞击棱角，运输时，将成品阳角用草袋等保护好，以免碰损	
45	外观不平	蜗壳机墩	混凝土浇筑后，表面未找平压光，造成表面粗糙不平	严格按施工规范操作，浇筑混凝土后，应根据水平控制标志或弹线用抹子找平、压光，终凝后浇水养护	
46	错台、挂浆	蜗壳夹层	(1)立模前模板或相邻仓混凝土面水泥浆未清除干净。 (2)模板缝未封堵密实造成漏浆。 (3)模板固定不牢固，导致模板错位。 (4)局部过振，导致模板移位	(1)立模前彻底清洗模板及相邻仓混凝土表面。 (2)模板应拼接严密，并用砂浆或腻子将模板面填补密实。 (3)配置足够拉条或外支撑并固定牢固，确保模板支撑系统满足受力要求。 (4)多点均匀振捣，防止单点过振	
47	孔洞	副厂房各层	骨料粒径过大、钢筋配置过密导致混凝土下料中被钢筋挡住。或混凝土流动性差，混凝土分层离析，混凝土振捣不实。或混凝土受冻、混凝土中混入泥块杂物等所致	严格按施工规范操作，加强施工人员质量意识	

续表

序号	质量通病名称	易发生部位	形成原因	预防方案或技术措施	备注
48	裂缝	上水库堆石坝混凝土面板	（1）温度裂缝：环境或混凝土表面与内部温差过大等原因造成。 （2）干缩裂缝：混凝土养护不良及混凝土内水分蒸发过快等原因造成。 （3）外力引起的裂缝：结构和构件下的地基产生不均匀沉降。模板、支撑没有固定牢固。拆模时混凝土受到剧烈振动	（1）严格按照混凝土配合比搅拌混凝土。 （2）加强成品混凝土养护和保护工作，确保混凝土养护达到龄期。 （3）制定成品混凝土保护管理办法，严格按照办法保护成品混凝土	
49	混凝土表面漏浆	出线竖井	模板接缝、孔洞处理不当	模板接缝处用胶带纸粘贴防漏，注意墙、柱对拉钢筋孔处理，防止漏浆	
50	混凝土表面颜色不一致，无光泽	配电室	配合比、外加剂、脱模剂选用不当	实验室进行配合比试验，选用适当添加剂。重要部位选用优质脱模剂，禁止使用废机油	
51	混凝土冷缝	水道系统	混凝土浇筑不连续，间隔时间较长	（1）混凝土供应能力（拌和楼出料量、罐车数量）与浇筑强度相匹配。避免浇筑过程中出现临时停电等现象。 （2）冷缝混凝土必须经过处理后尚能接缝，接缝宜浇少石子混凝土	
52	强度不足	地下副厂房	原材料不符合规定的技术要求，混凝土配合比不准、搅拌不匀、振捣不密实及养护不良等	（1）严格按照混凝土配合比搅拌混凝土，浇筑前充分搅拌，拌和均匀。 （2）多点均匀振捣，防止单点过振。 （3）及时进行洒水养护	
53	骨料显露颜色不均匀，存在锈迹、起砂	厂内公路	模板表面吸收色彩能力有差别，材料颜色不匀。钢筋或钢模锈色污染混凝土表面造成颜色不匀。浇筑速度过快、过振	模板尽量采用有同种吸收能力的内衬，防止钢筋锈蚀。振捣方式及操作要适当，延长振捣时间，振捣时配合人工插边，使水泥浆进入模板的表面。用水砂布打磨，涂抹素水泥的胶溶液进行外观处理	
54	喷射混凝土表面出现渗水现象	通风兼安全洞顶拱	喷混凝土质量、厚度不足，未及时做好随机排水孔等排水措施	掺外加剂改善混凝土性能，加强喷混凝土质量控制，做好打排水孔等排水措施	
55	混凝土洒水养护不及时	进厂交通洞洞口左侧一级贴坡混凝土	施工技术人员和操作工人对该类隐藏危害不了解或认识不足，班组人员质量意识不强	安排专职人员对未到28d的混凝土及时进行洒水养护，确保混凝土质量	

续表

序号	质量通病名称	易发生部位	形成原因	预防方案或技术措施	备注
四	钢筋工程				
56	钢筋同截面接头过多	水轮机机坑	（1）钢筋配料时疏忽大意，没有认真考虑原材料长度。忽略了某些构件中不允许采用绑扎接头的规定。 （2）忽略了配置在构件同一截面中的接头，其中距不得小于搭接长度的规定。 （3）分不清钢筋处于受压区还是受拉区	（1）配料时按钢筋配料单编号再划出几个分号，注明哪个分号与哪个分号搭配，对于同一组搭配而安装方法不同时要加文字说明。 （2）正确理解规范中规定的同一截面含义。 （3）在钢筋骨架已绑扎或安装钢筋骨架时发现接头数量不符合规范要求，一般情况下应拆除骨架或抽出有问题的钢筋返工，如果返工影响工期或工期太长，则可采用加焊帮条的方法解决，或将绑扎搭接改为电弧焊搭接	
57	钢筋网主、副筋位置放反	发电机风洞	操作人员疏忽，使用时对主、副筋位置在上或在下，不加区别就放进模板	（1）放置这类构件施工任务时，要向有关人员和直接操作者做专门交底。 （2）钢筋网主、副钢筋位置放反，但已浇灌混凝土，必须经过设计单位复核后，再确定是否采取加固措施或减轻外加荷载	
58	骨架外形尺寸不准	副厂房	多根钢筋端部未对齐，绑扎时基号钢筋偏离规定位置	绑扎时将多根钢筋端部对齐，防止钢筋绑扎偏斜或骨架扭曲	
59	绑扎网片斜扭	地下厂房	搬运过程中用力过猛，堆放地面不平，绑扣钢筋交点太少，绑一面顺扣时方向变换太少	堆放地面要平整。搬运过程要轻抬轻放。增加绑扣的钢筋交点。一般情况下，靠外围两行钢筋交点都应绑扣，网片中间部分至少隔一交点绑一扣，一面顺扣要交错着变换方向绑，网片面积较大时可用细一些的钢筋作斜向拉结	
60	钢筋接头焊缝不符合要求	地下厂房混凝土浇注各层	钢筋焊缝厚度、宽度不符合要求，焊接遍数少，焊口夹渣咬边现象严重，工艺不符合焊接要求	焊工持证上岗，焊接工艺性实验符合技术要求，钢筋接头焊缝做拉伸实验符合规范要求	
61	钢筋网布设部分紧贴岩面	开关站	施工技术人员和操作工人对该类隐藏危害不了解或认识不足，施工人员质量意识不强	将钢筋网与岩面间距控制在2cm左右	
62	钢筋堆放不规范，受污染、锈蚀	物资仓库	物资管理人员工作不到位，未做防护措施	在施工现场搭设钢筋防护棚或将钢筋放在枕木上并加盖彩条布	
63	钢筋间距、保护层厚度不符合要求	地下厂房混凝土浇注各层	施工技术人员和操作工人对该类隐藏危害不了解或认识不足，施工人员质量意识不强	（1）加强过程检查，严格按照图纸施工。 （2）在模板与钢筋间增设砂浆或成品塑料垫块，确保保护层厚度	
五	砌体工程				
64	挡墙浆砌石砂浆充填不饱满	厂内公路挡墙	现场技术、质量等管理人员管理不到位	加强现场管理，督促按质量要求施工	

续表

序号	质量通病名称	易发生部位	形成原因	预防方案或技术措施	备注
65	浆砌石通缝	厂内公路边坡	（1）石块不规则，砌筑时又忽视左右、上下、前后的砌块搭接，砌缝未错开。 （2）施工间歇留斜槎不正确，未按规定留有斜槎，而留马牙形直槎	（1）加强石料挑选工作，注意石块左右、上下、前后的交搭，必须将砌缝错开，特别注意相邻的上下层错开。 （2）转角处及沉降缝处把丁顺叠砌改为丁顺组砌。施工间歇必须留斜槎，留槎的槎口大小要根据所使用的材料和组砌方法而定	
66	浆砌石内部结构不牢，砌体内外两层皮、互不连接，石块间砂浆黏结不牢，石块间砂浆不满，砌体结构松散	渣场挡墙	（1）石块间压、搭接少，未设丁石。 （2）砌筑未采用座浆法，不饱满。 （3）砂浆强度不够。 （4）每工作班砌筑高度超过规范规定	（1）优选石料，严格掌握灰缝大小在规范要求范围内。 （2）采用座浆法或挤浆法砌筑，严禁采用灌浆法。 （3）每工作班砌筑高度应按规定执行，石料表面清理干净。 （4）按配合比要求拌制砂浆，采用砂浆拌和机拌料。 （5）加强砌体养护工作	
67	浆砌石面凹凸不平，垂直度超出设计及规范标准	厂内公路边坡	（1）面石选料不当。 （2）砌筑时未挂线或挂线不准或砌筑过程中未经常检查挂线偏差	（1）优选表面平整的石料做面。 （2）砌筑过程中必须挂线，经常检查挂线偏差。 （3）砌体较高时搭设脚手架，改善作业条件	
68	勾缝砂浆存在空鼓、脱落现象	上水库公路边坡	（1）勾缝砂浆质量不合要求。水泥用量不当。 （2）砌体灰缝过宽造成勾缝面积大收缩严重。 （3）勾缝时间落后于砌筑完成时间过多，缝内污染未消除。 （4）勾缝后未及时养护	（1）严格控制勾缝砂浆质量。 （2）砌体灰缝宽控制在规范允许范围内，灰缝预留深度 20～30mm。 （3）砌筑完成后马上进行勾缝，停留时间过久时在勾缝前要进行表面清理或凿缝。 （4）勾缝后及时养护	
69	组砌不良、砂浆不饱满	进厂公路挡墙	石块砌筑时搭配不均匀，未按施工工艺和流程施工，施工人员质量意识不强	大小块石搭配使用，严格按照一层石块一层砂浆的要求进行砌筑，保证砂浆满铺，石头之间不留空隙	
70	砌石咬扣不紧	库区边坡	现场施工人员质量意识不强	加强质量意识教育，细化质量交底，增强砌石施工过程控制	
71	砌石外观不平	库区、大坝下游边坡	（1）砌石石材料源级配不良。 （2）施工人员欠缺质量意识	加强质量意识教育，细化质量交底，增强砌石施工过程控制	

续表

序号	质量通病名称	易发生部位	形成原因	预防方案或技术措施	备注
六	填筑工程				
72	填筑区沉陷	上、下水库库区	（1）填筑前对基底没有处理。如：对基底表面的杂草、有机土、种植土及垃圾等没有清理。对耕地和土质松散的基底在填筑前没有压实。 （2）填料选择不妥当，如采用粉质土或含水过高的黏土等填料，填料的颗粒级配不当，不易压实。 （3）不同土质的材料没有分类、分层填筑，而采用混合填筑。 （4）压实机械选择不当或压实方法不对，压实遍数不够等形成压实度不够或压实不均匀。 （5）填筑区下存在软基，填筑前没有对软基进行处理，在自重作用下，软基压缩沉降或因承载力不足向两侧挤出，引起填筑区沉陷	（1）填筑前应对基底进行彻底清理，挖除杂草、树根，清除表面有机土、种植土和垃圾，对耕地和土质松散的基底应进行压实处理。 （2）宜选用级配较好的不易风化石料或土石混合料作为填料。如采用土料填筑时，如含水量超过最佳含水量两个百分点以上时，应采取晾晒或渗入石灰、固化材料等技术措施进行处理，填筑材料最小强度和最大粒径应满足设计及规范要求，填筑材料颗粒级配应尽量控制在包络线内。 （3）用不同填料填筑填筑区时，应分层填筑，每一水平层均应采用同类材料，不得混填。土方填筑区应分层压实，压实机械的功能及碾压遍数应经过试验确定。 （4）对软土地基应视不同情况采用不同的处理方法。 （5）控制填筑速率，保证软弱填筑区经过充分固结	
73	填筑区边坡滑塌	上、下水库库区	（1）填筑区边坡坡度过陡，尤其在填筑区填土高度较大时，未进行滑裂验算。 （2）填筑区边坡没有同填筑区同步填筑，填筑区填筑宽度不足，未按超宽填筑要求施工。压实机具碾压不到边，填筑区边缘漏压或压实遍数不够，边坡填筑没有按设计要求压实。 （3）坡顶、坡脚没有做好排水措施，由于水的渗入，填土内聚力降低，或坡脚被冲刷掏空。 （4）位于沿河、鱼塘地段的填筑区，由于未采取防护措施，长期受水浸淹和鱼蚕食，使填筑区坡脚和边坡逐渐侵蚀，造成坍塌	（1）填筑区应按设计要求或有关施工规范要求的坡度放坡。如因现场条件所限达不到规定的坡度要求时，应请设计进行验算，制定坡脚挡土构筑物处理方案。 （2）填筑区边坡应同填筑区一起全断面分层填筑压实，填筑宽度应比设计宽度超出20～50cm，然后削坡成型。控制碾压工艺，保证机具碾压到边。认真控制碾压顺序，确保轮迹重叠宽度和搭接超压长度。 （3）新旧填筑区填方，边坡的衔接处，应开挖台阶，台阶宽度满足设计规范要求，台阶底应为2%～4%向内倾斜的坡度。 （4）坡顶、坡脚要开好排水沟或做好其他排水措施，填筑区边坡较高时，可设置拦水带，并通过急流槽降水排除填筑区。 （5）沿河、鱼塘地段的填筑区可设边坡防护	

续表

序号	质量通病名称	易发生部位	形成原因	预防方案或技术措施	备注
74	台背填土下沉	上、下水库库区	（1）台背填土是公路施工的薄弱环节，施工工作面窄小，适合的施工机械少，多数台背回填为小型冲击夯机械回填，夯实容易漏压或难于达到设计标准，这是台背填土下沉的重要因素。 （2）填土范围控制不当，台背填土与填筑区衔接面太陡。 （3）填料不符合要求，也没采取技术措施进行处理。 （4）铺筑层超厚，压实度不够。 （5）回填基础处理不当	（1）台背回填应根据施工作业面窄小的特点，选择小型振动压路机或其他适宜的压实机具。分层填筑，控制最佳含水量和铺筑层厚，确保压实度符合标准要求。 （2）填料优先选用砂类土或透水性土，当采用非透水性土时应适当增加石灰、水泥等稳定剂，改善处理。 （3）按规范和设计要求确定填土范围，避免台背填土与填筑区衔接面陡峭。 （4）中小桥涵宜采用先填筑填筑区，后施工挡土构筑物的工艺。 （5）对台背基础按设计要求进行处理	
75	填筑区弹簧	上、下水库库区	（1）填土为黏性土，含水量过大，而水分又无法散发，在这种情况下进行压实，就会产生弹簧土。 （2）下卧层软弱，含水量过大，在上层碾压过程中，下层产生弹簧反映到上层引起弹簧，或者下层水分通过毛细作用，渗入上层路堤，增加了上层的含水量，引起弹簧。 （3）过度的碾压，使土颗粒之间空隙减小，水膜增厚，抗剪力减小，引起弹簧。 （4）填筑料中细料过多，级配不当，水分不易散发，造成弹簧土	（1）避免用天然稠度小于 1.1，液限大于 40，塑性指数大于 18，含水量大于最佳含水量两个百分点的土作为填料。 （2）填土在压实时，含水量应控制在最佳含水量两个百分点之内。 （3）填上层土时，应对下层填土的压实度和含水量进行检查，待检查合格后方能填筑上层土。 （4）在填土时应开好排水沟，或采取其他措施降低地下水位到填筑区 50cm 以下。 （5）按设计要求和试验要求进行碾压，避免漏压、过压。 （6）碾压时按规范要求取样坐颗分试验，调整取料点，控制级配	
76	填筑区出现纵向开裂	上水库大坝、库区	（1）清表不彻底，填筑区基底存在软弱层。 （2）沟、作物种植段清淤不彻底、回填不均匀或压实度不足。 （3）填筑区压实不均匀。 （4）硬基、软基结合部未挖台阶或台阶宽度不足，软基部位为充分处理。 （5）半填半挖区段未按规范要求设置台阶并压实。 （6）使用渗水性、水稳性差异较大的土石混合料时，错误地采用了纵向分幅填筑	（1）应认真调查现场并彻底清表，及时发现填筑区底暗沟、暗塘、消除软弱层，若遇有软弱层，填土填筑区完工后应进行超载预压，预防不均匀沉降。 （2）彻底清除沟、塘淤泥，并选用水稳性好的材料严格分层回填，严格控制压实度满足设计要求。 （3）提高填筑层压实均匀度。 （4）半填半挖区段，地面横坡大于 1:5 及硬软基结合区段，应严格按规范要求将原地面挖成不小于 1m 的台阶并压实。 （5）渗水性、水稳性差异较大的土石混合料应分层或分段填筑，不宜纵向分幅填筑	

续表

序号	质量通病名称	易发生部位	形成原因	预防方案或技术措施	备注
77	填筑区基底压实度、干密度达不到标准	上水库大坝、库区	（1）基底地面表层的种植土、草皮、树根、淤泥等没有清除。 （2）基底地面原为水田、池塘、洼地、土的含水量高，水又无法排出。 （3）石料铺料过厚、碾压遍数不够，填料存在超径石	（1）填筑区填筑以前应清除地表种植土、草皮、树根、淤泥，然后再进行基底地面压实。 （2）对于水田、池塘、洼地，土的含水量高的情况，应先开纵横向排水沟，排水疏干，再进行压实。如仍无法达到压实度，则可用石灰均匀拌入等技术措施，或换填含水量接近最佳含水量（±2%）的土，然后再进行压实	
78	填筑区填料压实度达不到标准	上水库大坝、库区	（1）填料含水量偏大或偏小，达不到最佳含水量。 （2）填料颗粒过大超径，颗粒之间空隙过大，或者填料不符合要求。 （3）填料厚度过大或压实遍数不够，压实机具选型错误	（1）应根据现场天气及料源情况控制进料时的加水量，使土的含水量在最佳含水量附近（±2%）时进行压实。 （2）含水量过大的填料应在现场翻晒后再碾压。 （3）优先选择级配较好的填料作为填料。 （4）填料应水平分层填筑，分层压实。并且，应通过试验来确定压实机具和压实遍数。 （5）优化石料开采爆破参数、按碾压实验取得的合理参数控制碾压质量	
79	填筑超厚	上水库大坝、库区	（1）现场施工管理人员管理不善。 （2）现场施工人员质量意识不强。 （3）机械操作人员专业技能不强。 （4）没有控制层厚的手段	强化质量意识。改善施工管理方法，加强专业技能培训。逐层测量放线对填筑高程进行控制，填筑过程中设置移动标杆，控制层厚	
80	大坝填筑超径石	上水库大坝	（1）现场施工管理人员管理不善。 （2）装料时未进行选料。 （3）料源爆破开挖控制不好	强化质量意识。改善施工管理方法，在源头控制上坝料质量，在料场爆破开挖时按爆破设计进行严格控制	
81	填筑土出现橡皮土	场内连接公路	施工承包商专业技术不足，监理旁站不到位，公司监督不到位	（1）控制填筑料含水率，加强翻晒，含水率偏小时加水至最优含水率。 （2）严格按照试验段碾压遍数施工，不合格的部位增加碾压遍数	
82	分层回填厚度超规范要求	进场公路路基	施工技术人员和操作工人对该类隐藏危害不了解或认识不足，技术交底不清或质量控制措施不力	加强技术培训，做好技术交底工作，使路基填方及沟槽回填土的虚铺厚度不超过有关规定	
83	坝料分区混乱，坝面不平整，层面超厚	上水库大坝	（1）现场施工管理人员管理不善，指挥卸料地点不适当，现场分区标识不清。 （2）现场施工人员质量意识不强。 （3）机械操作人员专业技能不强	（1）测量人员严格按照各堆石区进行放样，施工中派专人指挥，做好分区标识，严防填筑料混杂。 （2）拉线控制填筑厚度，做好层厚标识，严禁铺料厚度超标。 （3）用反铲将块石集中部位摊铺开，大小石块掺拌，防止块石集中或架空	
84	超径石，架空，块石集中	进厂交通洞、通风兼安全洞洞口边坡			

续表

序号	质量通病名称	易发生部位	形成原因	预防方案或技术措施	备注
七	灌浆工程				
85	灌浆中断	上、下水库	（1）机械设备方面：在进行灌浆，特别是当灌注浓浆时，灌浆泵经长时间的运转，有时会发生故障，如球阀座被浆液磨出缺口、盘根不严漏浆等。尤其是在高压灌浆时，更易出现这种现象。 （2）输浆管方面：如使用的胶管性能不良、管与管之间连接的不牢固，因而在灌浆时，发生管子破裂或管子接头甩脱等现象。 （3）仪表失灵：主要是压力表失灵。 （4）地质方面：如岩层中垂直向裂隙发育，发生地表冒浆或因岩石破碎，灌浆塞堵塞不严，发生孔口返浆等现象，因而需要停机处理。 （5）其他：如停水、停电以及灌浆区附近爆破时的躲炮等	（1）选用性能适应于灌浆要求的灌浆泵，保证在规定的最大压力下能长期的连续运转。每段灌浆完成后，要把泵缸洗干净，仔细检查泵的各部零件是否处于完好状态。 （2）选用性能适应于灌浆要求的输浆管材，各管之间的连接要牢固，使用前要检查管子有无堵塞、是否畅通、有无破损。 （3）压力表应准确，注意验证，不合规格要求、不准确的压力表不要使用。 （4）灌浆塞在孔内要堵塞严密，灌浆前应用压水检查。 （5）灌浆工程所用的风、水、电，宜设置专用线（管）路，以保证灌浆作业连续不断地进行。如因故必须停水、停电时，则应提前8h通知灌浆工地	
86	串浆	不良地质地段	由于岩石中裂隙较多，相互串联，使灌浆孔相互间直接或间接的连通，造成了串浆通路。当裂隙发育，裂缝宽大，灌浆压力比较高，孔距又较小时，会促使串浆现象加重	（1）待先序孔全孔施工完毕以后再开始后序孔的施工。 （2）灌浆过程中发生串浆时，如串浆孔具备灌浆条件，应一泵一孔同时进行灌浆。否则，应塞住串浆孔，待灌浆孔灌浆结束后，再对串浆孔进行扫孔、冲洗，而后继续钻进或灌浆	
87	绕塞返浆	引水系统高压支管	（1）在灌浆段与灌浆塞以上的孔段之间有裂隙相通，灌浆时，一部分浆液沿着这些裂隙流到橡胶塞以上的孔段。 （2）安设橡胶塞处的孔壁凸凹不均，堵塞不严密。 （3）橡胶塞膨胀度不够，压塞的不严密	（1）钻孔孔径力求均匀。 （2）灌浆塞中起阻塞作用的橡胶塞应长一些。组成橡胶塞的每一个橡胶球质量要好，应坚韧并富弹性，其直径与钻孔孔径要相适应。 （3）采用自上而下分段灌浆方法时，上段灌完后应有足够的待凝时间。 （4）灌浆前，先用压力水试验有无绕塞返水现象，如果发现孔内返水，则可再度压紧橡胶塞。若多次压紧橡胶塞均无效时，则应移动橡胶塞的位置。采用自下而上灌浆法时，可以上下移动。采用自上而下灌浆法时，只能向上移动，至不再发生返水时为止，再开始灌浆	

续表

序号	质量通病名称	易发生部位	形成原因	预防方案或技术措施	备注
88	锚杆注浆不饱满	向上的锚杆孔	（1）操作人员技术不熟练，抽拔注浆管过快。 （2）砂浆稠度不合适，部分砂浆流淌到孔外。 （3）注浆设备不适用，注浆压力不够，注浆速度慢。 （4）孔内空气未排尽	（1）操作人员应经过培训，技术熟练。 （2）严格按设计配合比拌制砂浆。 （3）选用适用的注浆设备，保证注浆压力和注浆速度。 （4）正确设置排气管并保持畅通	
89	砂浆锚杆钻孔个别角度偏差较大，注浆不密实	洞室顶拱	钻孔时没有采取有效的角度控制措施	采用钻孔作业平台施工。钻机钻头定位准确，成孔位置偏差符合质量设计要求。成孔后，用高压风清洗孔壁，以保障砂浆与孔壁的黏结力。锚杆安装时先进行除锈、防腐处理，制作和安装全过程必须避免油脂、泥土等杂物。注浆时由孔底向孔口有压一次性灌浆，砂浆至孔口溢满为止	
90	个别灌浆孔封孔不密实	隧洞固结灌浆	未严格按规范规定进行操作	加强操作人员的技能培训。灌浆孔灌浆结束后，应排除钻孔内的积水和污物，采用全孔灌浆法或导管注浆法封孔	
91	监测孔造孔、注浆不及时	引水系统、尾水系统	监测孔的造孔施工对土建施工的干扰较大	（1）协调施工承包商的配合。 （2）施工过程中对土建施工承包商下发监理通知或例会中提出	
92	抬动值超过允许值	高压灌浆部位	作业人员责任心不强，操作不当。监测不及时或监测手段不合适。灌浆压力控制不当，盲目快速提升	加强作业人员责任心教育，加强技术培训。采用准确可靠的监测仪器和监测方法。接触段应先行灌浆并待凝。灌浆压力通过试验确定，在灌浆过程中协调控制灌浆压力和注入率，避免盲目提升灌浆压力	
八	其他				
93	现场遗留孔洞较多	地下厂房部位	（1）设计深度不够。 （2）土建工作面不能够和机电安装相结合。 （3）土建施工完毕后机电安装未能合理规划	（1）设计阶段要严格审查，尤其要在细节处把关，对不必要的空洞、穿线管要取消，提前谋划。 （2）施工过程中加强土建与机电工程的协调，工作面移交时要严格验收。 （3）机电施工过程中要加强现场监督力度，细节处要设立样板	
94	漏设防烟楼梯间	副厂房楼梯间	设计人员沟通不足，考虑不充分	强化对强条、规范、通则的学习、理解，在技术上严格要求	
95	直流设备室地面、内墙贴耐酸砖，门窗未考虑耐酸处理	直流设备室	设计考虑不充分	细致考虑设计细节，加强事先指导、中间检查和总结	
96	窗台高度低于0.8m，未设护栏	设备间窗口	设计人员技术管理不到位	强化对强条、规范、通则的学习、理解，在技术上严格要求	
97	盖板边缘不规则，缺棱少角	营区电缆沟盖板	盖板在运输或安装过程中产生碰撞	（1）严格控制盖板运输方式，相邻盖板之间应做好间隔。 （2）模板养护过程中应加强对模板的保护。 （3）盖板周边应用角钢保护	

续表

序号	质量通病名称	易发生部位	形成原因	预防方案或技术措施	备注
			第三部分　机电篇		
98	插座安装位置不对	副厂房各设备间	未按设计和规范施工，施工人员质量意识不强	加强教育，强化质量意识	
99	接地未刷地漆	各配电室	未按施工规范要求施工	按施工规范和流程施工	
100	地下厂房管路腐蚀	地下厂房水管路	环境潮湿，管路锈蚀	（1）对管路进行除锈打磨、涂装防腐漆。 （2）通过全厂除湿系统对地下厂房空气湿度进行控制	
101	控制盘柜未封堵或封堵不完善	地下厂房各层控制柜	安装过程中产生的损坏或封堵不完善	（1）严格控制安装过程中对电缆孔的原始封堵保护。 （2）对穿有电缆的或损坏的备用电缆孔进行封堵	
102	管路预埋不准、不全、漏埋	主、副厂房	不同施工队交接不完善，管路埋设队伍对图纸不清晰	强化不同施工队间的交界面手续，交面时监理、施工方联合检查。强化图纸交底，加强一线作业人员对图纸的认识	
103	动力电缆用铁丝绑扎固定	副厂房电缆夹层	施工承包商专业技术不足，监理旁站不到位，项目公司监督不到位	要求施工承包商参照《施工工艺示范手册》限期整改，强化监理监督作用，项目公司每天派人现场检查，保证现场安装工艺	
104	控制电缆敷设不整齐，且电缆敷设时搭设的架子未对地砖采取保护措施，盘柜内接线不整齐	交通洞与电缆廊道接口处	施工承包商专业技术不足，监理旁站不到位，公司监督不到位	要求施工承包商参照《施工工艺示范手册》限期整改，强化监理监督作用，项目公司每天派人现场检查，保证现场安装工艺	
105	施工承包商凿墙找埋管	地下厂房电缆廊道	施工承包商在施工过程中没有前瞻性，未做好前期准备工作，导致在后期土建装修后，又凿墙找埋管	要求施工承包商做好前期的准备和记录工作，防止出现类似现象	
106	主机设备制造缺陷	主机设备	厂家设计不合理，监造把关不严格，出厂验收不仔细	要求监造加强对产品加工制造过程的把关，项目公司做好出厂验收时各个环节的掌控	
107	机组空气冷却器漏水	发电机风洞	厂家设计不合理，监造把关不严格，出厂验收不仔细	要求监造加强对产品加工制造过程的控制把关，项目公司做好出厂验收时各个环节的掌控	
108	400V 电源开关柜接线松动，配件质量差	电源开关柜	厂家制造工艺要求不高	要求厂家加强对产品加工制造过程的把关，业主做好安装时各个环节的掌控，本着早发现问题，早解决问题的原则	
109	压缩空气系统的阀门现场验收不合格	压气机室	厂家制造工艺要求不高	对设备厂家供货的阀门，按要求严格进行耐压试验，在试验合格后，再进行安装	
110	全厂水系统阀门质量不高，安全隔离性低	地下厂房管道廊道	全厂水系统阀门设计标准未按抽水蓄能电站设计导则要求，设计的阀门标准偏低	清查水系统阀门，对不满足安全标准的尽快进行更换	
111	球阀压力油罐控制电缆无预埋管，走明布置的软管	水轮机层球阀压力油罐	设计院未考虑设备的预埋管，导致后期球阀传感器的控制电缆走线困难	加强设计院和设备厂家的沟通，在埋管过程中尽量不错埋漏埋，为后续的工艺质量做好工作	

续表

序号	质量通病名称	易发生部位	形成原因	预防方案或技术措施	备注
112	焊接出现咬边、弧坑、气孔、夹渣、裂纹、未焊透、未熔合	油水气系统管路	施工承包商专业技术不足，监理旁站不到位，公司监督不到位	（1）严格控制起弧电压和过程电流控制。 （2）不符合要求的部位重新施焊。 （3）增强管理人员和焊工的责任心	
113	管道支架间距过大，局部有“塌腰”现象	技术供水、排水管路	施工承包商专业技术不足，监理旁站不到位，公司监督不到位	施工前绘制三维立体图，加强对管道结构整体稳定性的预测	
114	电缆交叉错位，整体外观混乱	中间层电缆桥架	施工承包商专业技术不足，监理旁站不到位，公司监督不到位	施工前绘制电缆敷设平面图，组织人员加强过控制，并确保对电缆敷设环境温度等的控制	
115	仪表找正找平不足，施工过程中无防倾倒措施，防火防尘措施不够	水车室旁水力测量盘	施工承包商专业技术不足，监理旁站不到位，公司监督不到位	确定参考平面，以此为标准，保证仪表面的正平。控制盘安装后及时对盘底空洞进行封闭，以保证其防火和防尘性能	
116	电缆敷设零乱，绑扎不规范	地下厂房电缆间、各层电缆桥架	（1）现场监护不到位。 （2）施工人员经验不足。 （3）自检不严格。 （4）施工方自身要求不高。 （5）现场管理不到位	（1）施工管理过程中要按照达标投产要求进行实施，对不满足现场要求的要下狠心要求其返工。 （2）设计阶段要严格把关，精细化设计，预留的穿线管要与电缆桥架充分结合，引导施工方在施工过程中出现零乱现象。 （3）施工前要求施工承包商做好样板，经过各方现场确认后尚能继续施工，并以样板为例，加大现场监督	
117	电缆标识不规范，标识大多采用临时手写方式	设备各盘柜	（1）施工方责任意识不强且现场要求不严格，不能考虑投入生产期的规范和美观要求。 （2）监理对现场细节不能提出合理的建议	电缆敷设完毕后要严格要求施工方规范化标识，现场加大监督力度，对不合格的一律要求返工处理	
118	打断电缆	各仪器部位	（1）开挖时，施工作业面距电缆部位较近。 （2）基础面的垫层混凝土或喷混凝土完成施工后标示不明确，造孔时被打断。 （3）电缆裸露未及时保护，土建施工时挖断或碰断	（1）监测标人员应与土建施工承包商多沟通，电缆走线要明确。 （2）对断开的电缆进行修复并做好防水措施	
119	橡胶止水接头不符合要求、铜止水材料现场焊接质量差	上水库面板	施工承包商专业技术不足，监理旁站不到位，公司监督不到位	（1）加强焊工技术培训工作，经考试合格后持证上岗。 （2）加强施工过程控制，不合格产品作废重新施焊	

三、水电工程强制性条文执行管理

水电工程强制性条文的依据是《中华人民共和国工程建设标准强制性条文（电力工程部分）》《实施工程建设强制性标准监督规定》，工程建设、设计、监理、施工等单位应制订强制性条文执行计划，相关工程管理及技术人员应熟悉、掌握强制性条文。

（一）工程建设各阶段强制性条文使用原则

（1）工程勘察设计和施工招标阶段，建设单位或其委托的招标代理机构应在招标文件中对强制性条文的实施提出具体要求。

（2）工程建设过程中，参建各单位应严格执行强制性条文，不符合强制性条文规定的，应及时整改，并应保存整改记录。未整改合格的，严禁通过验收。

（3）施工、监理、建设单位在施工过程中如发现设计文件有不符合强制性条文规定的，应及时向设计或建设单位提出书面意见或建议。

（4）工程开工前，项目法人单位应编制本项目强制性条文执行计划，主要内容应包括组织机构、人员职责、培训、检查和目标考核，统筹强制性条文执行工作。

（5）工程项目投运前，参建各单位应分别对强制性条文执行情况进行检查，并提供检查报告。

（二）强制性条文的实施

1. 实施准备

工程项目招标设计阶段和施工图设计前，勘测设计单位应明确本工程项目所涉及的强制性条文，编制工程勘测设计强制性条文执行计划表，经内部审批后，报设计监理单位审核，项目建设单位备案（如未委托设计监理单位，直接报项目建设单位备案执行）。

工程项目开工前，施工承包商应根据工程建设项目实际特点，按单位工程、分部工程明确本工程项目所涉及的强制性条文，编制工程施工强制性条文执行计划表，报监理单位审核，项目建设单位备案。

2. 强制性条文的执行

工程施工图设计阶段，强制性条文执行的主体责任单位为设计单位。设计单位应在施工设计图纸中详细列出所执行的强制性条文内容，并据实填写工程设计强制性条文执行检查表。

工程施工过程中，强制性条文执行的主体责任单位为施工承包商。施工承包商应在单元工程验收时填写工程施工强制性条文执行记录表，并由监理工程师审核。

（三）强制性条文的检查

强制性条文执行情况的检查主体责任单位为监理单位。在分部工程验收时，应由监理单位的总监组织对施工承包商执行强制性条文情况进行检查，检查结果填入工程施工强制性条文执行检查表。

在单位工程验收阶段，对强制性条文执行情况核查的主体责任单位为项目建设单位。在单位工程验收前，首先由监理单位对工程设计强制性条文执行检查表和工程施工强制性条文执行检查表进行复查汇总，对照经审批的强制性条文执行计划，填写工程施工强制性条文执行汇总表，报项目建设单位工程部审核，在单位工程验收时，项目建设单位工程部组织验收成员进行确认。

四、水电工程试验检测管理

试验检测是指对工程建设过程中所需材料、应用工艺和构筑物、半成品等产品的质量状态与性能指标，通过标准的技术方法进行测量、试验等手段进行界定、评价工作。

水电基建工程一般设置土建试验室、金属试验室、物探试验室，从事原材料检测试验，工艺验证性检测试验，半成品、成品检测试验，外委检测试验等工作。

（一）承包商试验室的设立

承包商应独立建设满足工程建设所需的试验室，配备足够的人员和设备，负责其初始配合比设计试验、施工工艺和工程质量过程控制性的试验检测工作［如混凝土配合比设计试验、土石方填筑碾压试验、爆破试验监测、钢筋（材）焊接连接工艺试验等］，并为监理人进行质量检查和检验提供必要的试验资料和原始记录。承包商的试验室经监理单位验收合格后方可使用。

（二）第三方试验室的建立

第三方土建试验室、金属试验室、物探试验室应按招标采购管理的规定进行招标选择，项目建设单位应在招标文件中列明检测试验项目和计费标准，要求检测试验费用不得超过当地工程建设质量检测试验收费标准。土建试验室、金属试验室、物探试验室，负责检测试验所需化学试剂及易损易耗品的配置和完善试验室建设，在负责办理取得资质认证后，方可开展各项检验试验工作。

施工承包商的原材料、成品、半成品及工艺验证性试验检测等凡列入工程质量验收评定竣工资料的试验检测，均由土建试验室、金属试验室承担，按合同中给定的质量检测试验收费标准对施工承包商进行收费，由项目建设单位在月度结算中扣除当月发生的检测试验费，并根据合同约定支付给检测试验承包人。各施工招标文件中应明确试验检测要求和收费标准（参考当地工程建设质量检测试验收费标准并适当折扣），由施工承包人报价后计入投标报价。监理单位应根据监理规范的要求，委托土建试验室、金属试验室、物探试验室对施工承包商应开展的检测试验项目按照5%的比例进行抽检。监理单位实施检测试验的抽检项目，不作为施工承包商检测试验的组成部分，由项目建设单位承担监理抽检的检测试验费用。

施工承包商自检与监理单位抽检各自独立进行，分别填写委托单由第三方试验室进行试验检测和抽检。

（三）检测试验工作实施

1. 半成品、成品检测试验管理

土建试验室、金属试验室负责全部工程半成品、成品的检测试验。半成品、成品检测试验管理程序如下：

（1）施工承包商根据规范和合同关于检测试验要求，在工程半成品、成品的检测试验取样至少8h前，向试验室报送半成品、成品检测试验申请单，同时抄送监理单位。

（2）试验室组织开展取样、试验检测工作，施工承包商应配合试验室进行取样，监理单位根据监理规范和监理合同关于工程半成品、成品检测工作要求进行见证取样。

（3）试验室将验证检测结果报送监理单位、施工承包商。

（4）监理单位、施工承包商根据验证检测结果，进行质量评定，并改进质量控制工作。

2. 金属技术监督管理

金属试验室根据有关技术标准和合同要求，承担项目工程建设的各项金属技术监督工作。

3. 物探试验室的检测试验

（1）检测试验项目。

锚杆的长度、砂浆注浆密实度无损检测和洞室衬砌回填混凝土、回填灌浆密实度、固结灌浆声波检测、帷幕灌浆透水率检测、大坝建基面岩体质量声波检测、洞室围岩岩体质量弹性波检测、洞室围岩松动圈声波检测、衬砌结构质量雷达检测等。

（2）检测流程。

施工承包商根据规范和合同关于检测试验要求，向试验室报送《检测试验委托书》，同时抄送监理单位。项目建设单位工程部，可根据需要直接向物探试验室签发《检测试验委托书》；监理单位，也可根据需要直接向物探试验室签发《检测试验委托书》，同时抄送一份报项目建设单位工程部。物探检测单位，根据《检测试验委托书》要求，开展检测工作。监理单位、施工承包商做好相关配合工作。施工承包商应配合试验室进行取样，监理单位根据监理规范和监理合同关于工程检测工作要求进行见证取样。

（3）检测比例。

锚杆无损检测数量，按锚杆总数的5%进行抽检；地下洞室衬砌、回填混凝土及回填灌浆密实度的检测数量，按规范或合同要求进行抽检，其他项目检测频率按照合同要求进行抽检。如检测结果未满足要求，则按锚杆总数的10%或合同约定的2倍比例进行复验。如检测结果仍未满足要求，则按100%的抽检比例复验。

4. 外委检测试验管理

凡属土建试验室、金属试验室、物探试验室承担的检测试验项目，如果土建试验室、金属试验室、物探试验室不具备相应资质或能力要求，应由土建试验室、金属试验室、物探试验室负责对外委托检测试验，填写检测试验委托单。其外委的管理工作、结果接收等均由土建试验室、金属试验室、物探试验室承担。

五、水电工程质量日常检查管理

质量检查是水电工程建设过程中的重要活动，其目的是对建设过程中工程设计、监理、施工等质量情况进行摸底，对发现的质量问题进行分析与总结，形成检查报告，督促整改，做到闭环管理。

（一）检查方式

检查分定期检查和不定期检查。一般每半年组织一次定期检查，根据工程建设需要组织不定期或专项检查。

检查工作方式一般采取听取情况汇报、查看工程现场、召开座谈会、抽查原始资料和质量管理文件等形式。对检查中发现问题比较突出的关键部位或隐蔽工程部分应进行重点检查；抽查资料应重点抽查各项检验，验收签证的原始资料；检查原始记录、原始数据是否真实、准确和适时反映工程质量状况等；检查质量管理文件主要是检查项目单位日常质量管理工作是否规范和有效。

（二）质量检查主要内容

（1）工程建设简况，包括工程面貌、施工进展等情况。

（2）工程质量巡视检查工作简述。

（3）上次质量管理检查提出问题的整改情况。

（4）工程质量管理和质量状况。

（5）工程质量管理状况：质量管理体系运行情况，包括质量管理职责等质量管理规章制度的落实等情况及质量管理方面存在的问题。

（6）工程质量状况：通过现场检查和原始资料检查，对工程质量进行综合分析和评价。实体质量存在的主要问题，对存在的质量隐患提出分析意见。

（7）工程质量管理和实体施工质量值得推广典型经验和存在的突出问题以及建议意见。

（8）检查组认为需要报告的其他事项。

（三）基建质量管理检查大纲

基建质量管理检查大纲见表1–3。

表1–3　基建质量管理检查大纲

序号	检查项目	检　查　内　容	检查记录及结果	备注
一	质量管理工作			
1	质量管理体系建立及执行情况	项目公司是否根据工程建设的实际情况，建立健全有效的工程质量管理体系		
		监理单位是否建立健全有效的质量管理体系		
		设计单位是否建立健全有效的质量管理体系		
		施工（或安装）承包单位是否建立健全质量管理体系		
		上述单位是否根据工程实际及时对质委会成立进行调整		
		是否定期召开质量管理会议，质量会议明确的问题是否落实、解决		
2	质量目标制定情况	土建单元工程优良率大于或等于90%，机电安装单元工程优良率大于或等于93%		
		单位工程优良率100%		
		是否存在质量评定不符合标准要求或数据统计出现失实现象		
		是否存在一般工程质量缺陷；是否发生一般及以上工程质量事故		
3	质量管理制度的建立及执行情况	公司质量管理通用制度、标准执行情况		
		是否根据工程实际，制定相关质量管理制度，制度的执行情况		
		设计、监理制定的规章制度和工作程序执行情况		
4	人员资质	设计、监理、施工（或安装）承包单位是否按投标文件及合同要求投入人员、施工设备等		
		监理人员的资质证书和上岗情况，是否满足公司对监理人员持证比例要求		

续表

序号	检查项目	检 查 内 容	检查记录及结果	备注
5	年度质量策划	项目公司是否按相关要求制定年度工程质量管理策划，并是否报基建部审批，批准的质量策划是否下发相关单位		
		设计、监理、施工（或安装）承包单位是否制定年度工程质量管理策划，项目公司的审批情况		
		相关单位年度工程质量管理策划执行情况		
6	第三方试验室管理	检查土建试验室建立、运行及管理情况		
		检查金属试验室建立、运行及管理情况		
		检查物探试验室建立、运行及管理情况		
7	工程项目划分	检查是否按照抽水蓄能电站工程项目划分导则对项目进行划分，并建立台账		
8	基建质量管理目标	单位工程优良率情况检查，检查优良率评定的合格性		
		是否存在质量评定不符合标准要求或数据统计出现失实现象		
		是否存在一般工程质量缺陷；是否发生一般及以上工程质量事故		
9	标准工艺推广应用及工艺设计导则开展情况（十项工艺设计、三项工艺二次设计）	年度标准施工工艺应用计划编制、执行、检查情况，检查各参建单位相关标准工艺的宣贯情况、应用计划及现场实施情况		
		公司工艺设计导则应用、开展情况		
		查项目公司建立的混凝土结构、盘柜接线、样板小管道安装、电缆敷设、管道支架安装、桥架安装等示范样板		
		施工承包商开展二次工艺设计相关落实情况		
10	钢筋、木工放样	检查施工承包商的钢筋放样技师和木工放样技师配备是否满足其施工任务需要		
		查现场施工作业是否编制了具体的放样图，是否按图进行了钢筋放样和木工放样		
11	强制性条文执行情况（技术管理）	检查设计单位提供的施工图（文件）是否有强制性条文的执行说明		
		设计修改通知单中涉及的强制性条文的执行情况		
		检查施工承包商在施工组织设计或方案、措施中的强条辨识和制订的落实措施，施工方案中是否有强制性条文的执行说明，以及施工中的落实情况		
		相关单位年度强制性条文执行总结情况		
12	施工质量巡视检查	是否按上级部署要求开展专项质量检查工作。查相关记录		
		是否定期（每月至少一次）开展质量巡查活动。查相关记录		
		分管领导（每周）、工程部主任日常（每周两次）、专业人员（每周三次）质量巡视检查情况。查相关记录		
		建立质量巡视平台		
13	质量监督工作开展情况	是否申报质量监督，检查质量监督申报和批复文件		
		检查质量监督报告，项目单位是否组织按照质量监督报告进行问题整改和落实意见、建议，查整改、落实记录		

续表

序号	检查项目	检　查　内　容	检查记录及结果	备注
14	试验检测管理	查各试验室、监理、施工承包商的试验报告单台账和试验报告单归档情况。检查试验报告单是否齐全，归档是否及时		
		检查原材料、半成品、成品试验是否按规定进行见证取样，查见证取样单		
		检查喷混凝土厚度检查情况		
		检查锚杆检测情况		
		检查回填混凝土、回填灌浆检测情况		
		检查坝基声波检测情况		
		检查试验报告中的试验项目、成果是否符合规范、合同要求		
15	砂石骨料质量控制	生产砂石骨料的原料是否满足规范及设计要求；砂石骨料含泥量是否满足规范及设计要求；砂石骨料超径率、逊径率是否满足规范及设计要求。查检测资料		
16	混凝土质量控制	各种原材料的质量是否满足要求；混凝土配合比、坍落度、温度是否满足要求；仓面、模板支撑是否满足要求；混凝土入仓方式、平仓、振捣、养护是否满足要求；混凝土试件强度是否满足要求；混凝土成型的外观质量和体型是否满足要求		
17	三检制及评定验收	检查单元工程验收的“三检”制执行情况		
		检查单元工程验收评定是否及时，是否严格按照标准进行评定，查评定记录和工程现场的符合性		
		项目公司是否确定了需参与验收评定的重要单元工程和隐蔽单元工程的项目；项目公司人员是否按规定参加了重要单元工程、隐蔽单元工程的验收（验收记录）		
18	原材料使用跟踪管理	检查钢筋、水泥、砂石骨料等原材料取样送检、使用等全过程跟踪台账建立情况		
19	工程验收管理	检查分部工程、单位工程、阶段验收、专项验收是否按照验收规程和合同要求按时组织验收，检查验收记录，验收档案是否完整、及时。检查是否建立单位工程验收、标段竣工验收台账		
20	QC 小组管理	检查是否建立 QC 小组台账，QC 小组开展、总结及评审活动资料是否齐全		
21	达标投产创优的过程管理	检查是否制定达标创优策划和实施细则，是否根据策划与细则定期开展达标投产过程检查及问题整改情况		
22	基建期金属结构监督	是否建立金属结构监督台账；是否编制《项目工程基建期金属技术监督实施方案》《年度电站金属技术监督和金属检测试验工作计划》；是否有《金属技术监督工作报告》		
23	质量通病治理工作	检查年度质量通病防治计划的制订及实施情况，是否制定有针对性和有效性强的防治措施，是否编制洞室开挖超挖控制措施		
24	设备监造	检查是否有主要设备监造大纲、监造记录、监造报告；主要设备现场处理记录		
25	设备出厂验收	检查设备产品检验、出厂试验结果是否满足规范规定和合同约定；主要设备及材料是否有检验和出厂合格证；水轮机转轮模型验收、试验项目是否齐全，试验结果是否满足合同约定；设备表面防腐及色质是否符合规范规定和合同约定；设备铭牌标志、包装、运输、保管是否符合规范规定和合同约定		
26	设备到场验收	是否有设备开箱记录台账；检查进口设备商检及保管资料是否齐全；重要设备是否组织开箱检查，质量保证资料或记录是否齐全；材料设备缺陷处理是否闭环，是否影响施工		

续表

序号	检查项目	检查内容	检查记录及结果	备注
二	工程实体质量			
1	原材料	主要材料的保管条件；生产厂家的资质和业绩；检测数据与国标和设计要求的比较情况		
2	水工建筑物外观质量	检查体型尺寸与设计轮廓线的误差；表面的平整度、光滑度、色差等情况		
3	试验、检测资料检查	开挖质量检测（检测断面数、超欠挖尺寸、残孔率、爆前、爆后的声波对比值、爆破松动圈的尺寸；超欠挖量与设计量的比较）		
		支护质量检测（含锚、喷情况，喷混凝土的强度、厚度、面积、黏结力。锚杆的无损检测，拉拔力试验；预应力锚索的预加应力检测		
		混凝土的各项物理力学指标（抗压、抗渗、抗冻，极限拉伸率）；标准差、保证率情况；机口及仓面拌和物检测情况；混凝土芯样采集、检测情况		
		灌浆质量检测（包括固结、帷幕、回填、接触灌浆、分序情况、单耗情况、灌前压水情况，检查孔透水率、灌前、灌后声波检测情况，取芯压水情况）		
		土石方填筑检测（分区填筑级配，压实度和干容重。孔隙率、渗透系数、渗漏量）		
4	原型监测	观测仪器进场验收、率定情况		
		观测仪器埋设验收评定情况		
		埋设仪器与设计量要有连续的完好率统计，仪器损坏情况和补救措施等		
		各水工建筑的内、外观定期监测和分析		
5	设备安装	检查机电安装施工技术措施编制、审批及执行情况、机电设备安装工艺计划和实施记录		
		检查桥机安装、定转子组装、座环蜗壳安装、进水球阀安装、机组轴线调整、主变压器安装、各部轴承安装、重要焊缝的焊接工艺等关键部位和重要环节的安装质量指标与质量评定结果		
		检查桥架安装、电缆敷设、盘柜接线、管道安装项目的工艺标准应用效果		
		现场相应部位与实物进行查对比，检查单元工程验评的真实性		
6	设备调试	电站 500kV/220kV 系统受电试验项目		
		电站分部调试项目		
		金属结构设备分部调试		
		机电设备分部调试		

思考与练习

1. 标准施工工艺分为哪几类？共有多少项？怎样组织开展？
2. 分部工程、单元工程验收中强制性条文检查如何开展？
3. 原材料进场以后的试验检验流程由哪几部分组成？
4. 质量检查主要包括哪些内容？

模块4　水电工程达标投产创优管理（Ⅲ级）

模块描述　本模块主要介绍国家电网公司水电优质工程基本概念、前期策划、过程控制、项目上报、评定、核定、命名与推荐、奖励与处罚等基本知识。通过知识讲授，掌握水电工程达标创优申报的基本流程和评定管理办法。

正　文

一、基本概念

（一）达标投产验收

概念：采取量化指标对照和综合检验相结合的方式对工程建设程序的合规性、全过程质量控制的有效性以及机组投产后的整体工程进行质量符合性验收。

考核期：从机组72h试运结束开始计算，时间为6个月。

（二）优质工程

优质工程包括国家电网公司优质工程、中国电力行业优质工程、国家优质工程奖（含）鲁班奖。

1. 国家电网公司水电优质工程

为贯彻国家《质量振兴纲要》、国务院《建设工程质量管理条例》及“百年大计，质量第一”的方针，鼓励国家电网公司系统工程建设项目法人、建设、施工、设计、监理、调试等单位加强科学管理，提高工程建设质量，创建优质工程，把国家电网建设成为世界一流电网，满足电力生产需要，为用户提供安全、优质、高效的电力供应，更好地为国民经济发展服务，国家电网公司设立此奖项。

2. 中国电力优质工程奖

中国电力优质工程奖是我国电力建设行业工程质量的最高荣誉奖，由中国电力建设企业协会（简称中电建协）负责组织评审，审核工作由中国电力建设专家委员会负责。中电建协本着优中选优的原则，从中国电力优质工程奖的项目中推荐有代表性的项目申报国家优质工程奖（含鲁班奖）。

3. 国家优质工程奖（含鲁班奖）

国家优质工程奖倡导对工程建设质量管理的系统性、科学性和经济性，奖励对工程建设做出贡献的企业（单位），宣传质量优、效益好的工程项目。国家优质工程奖的评选机构为国家工程建设质量奖审定委员会，其日常机构为设在中国施工企业管理协会的“审定委员会”办公室。

参评工程的建设理念及建设环节，应符合国家在国民经济发展的不同时期所倡导的发展观念，其工程建设项目的综合指标应达到同时期国内先进水平。

二、前期策划

（一）策划基本要求

项目公司应根据工程建设条件、形势等进行综合分析，确定工程建设质量总体目标及主要分项目标，依据《抽水蓄能电站达标创优策划与控制导则》编制《工程达标投产创优策划与控制实施大纲》，并报送国网新源公司基建部评审后执行，作为本项目工程达标创优策划与控制的纲领性文件。

项目公司应将达标投产和工程创优目标明确些写入施工、设备制造商等相关招标文件，提出达标投产考核和创优工作基本要求；在主体承包商进场后，要求各参建单位在规定时间内，依据《抽水蓄能电站达标创优策划与控制导则》和项目公司的实施大纲，编制各自的实施细则，报项目公司审批后执行。

（二）工作计划

项目公司应在工程建设全过程认真做好达标投产动态考核工作，以保证电站全部机组投产后一年内通过达标投产复检；一年到两年时间内通过国家电网公司优质工程评选、中电建协的行优评选和国家优质工程申报等工作。

三、达标创优策划与组织

总体要求：项目法人单位应依据《抽水蓄能电站达标创优策划与控制导则》，开展工程达标投产与创优策划，制定工程达标创优策划与控制实施细则。各参建单位应根据项目公司的要求进行二次策划和编制内部实施细则，并报项目公司批准。

工程建设工程中应按照策划要求开展各项工作，认真做好达标投产动态考核，安排好各分项目标相关工作的开展，力争工程建设“过程达标、一次成优、自然成优”，确保各级优质工程目标的实现。

（一）达标投产与创优目标

1. 达标投产与创优总目标

（1）高水平通过国家电网公司达标投产（必须响应）。

（2）通过国家电网公司抽水蓄能电站优质工程（必须响应）。

（3）创建中国电力优质工程。

（4）创建国家优质工程（含鲁班奖）。

达标投产和创建国家电网公司优质工程属于符合性目标，各项目必须实现通过。创中国电力优质工程奖、国家优质工程奖属于差异性目标，项目法人单位应根据工程建设条件、建设环境、形势及项目管理实际，策划确定工程创优具体目标。

若确定最终创优目标定位创建国家级优质工程（含国家优质工程金、银奖，中国建设工程鲁班奖），则必须具备 3 个步骤，即：第一，高水平通过“达标投产”；第二，获得中国电力优质工程奖且评定排序靠前，并获得中国电力建设企业协会的推荐；第三，通过国家级优质工程评审机构组织的评审。

2. 分项目标

分项目标，即包括安全、质量、进度、环保、水保等管理项目，也应有科技成果、工法、专利、五新技术、QC 小组、创新管理、四节一环保等内容，策划时需分别列出。

另外，策划应结合总目标对应奖项的具体要求明确不少于规定要求的各分项量化指标。

（二）达标投产与创优组织机构及职责

1. 达标投产与创优组织机构要求

项目法人单位应在主体工程承包商进场后，策划组建由项目公司牵头，各参建单位主要负责人参加的电站工程达标创优领导小组（下设办公室），全面组织、协调和推进工程建设达标创优工作。按照达标投产检查内容，领导小组一般下设安全、土建、机电安装、调试、档案、综合管理等六个专业小组，小组人员姓名均应写入文件之中，并结合人员变动情况适时进行调整，负责各专业范围内的指导、检查、考核等具体工作。

2. 领导小组的建立与职责

达标创优领导小组组长应由项目公司总经理担任，副组长由项目公司副总经理、总工程师，设计、监理、承包商等负责人组成。成员包括项目公司副总工程师、相关各部室负责人、各参建单位相关副职、总工程师、部门负责人等。

策划中应提出领导小组在达标投产活动中的总体协调、审定细则、工作指导、定期考核，以及自检和申报等方面的工作职责。

3. 办公室的建立与职责

达标创优领导小组下设立办公室，由项目公司副总经理或总工程师负责，可挂靠在项目公司工程部，项目公司有关部室负责人及相关人员参加。办公室的职责一般包括：

（1）落实领导小组布置的工作安排。

（2）进行各专业组工作协调。

（3）组织开展达标投产定期考核。

（4）检查各参建单位相关工作开展情况。

（5）组织机组投产后的达标投产自检工作并起草达标投产自检报告。

（6）负责评审机构复检的迎检组织准备工作。

（7）结合实际情况提出创优申报工作计划并部署、检查各参建单位工作，汇总相关资料，办理优质工程申报和迎检工作。

4. 专业小组的建立与职责

各专业小组应由项目公司副总工程师、部室负责人任组长，参建单位有关领导或部门负责人为成员。各小组职责一般包括：

（1）负责本专业组达标投产考核项内容的细化、落实及检查。

（2）制订相关工作计划和措施。

（3）负责进行达标投产定期考核。

（4）编写考核报告并提出建议意见。

（5）汇总自检材料，准备复检资料。

（6）配合做好创优申报及迎检工作。

5. 达标创优实施细则的制定

项目公司策划大纲应明确各参建单位制定达标投产实施细则的时间、内容等要求，主要应包括：前言、达标创优实施总体规划、目标、组织机构及职责、考核依据、考核项目、工作程序、工作方法、考核基金的数额与使用、考核总结与自检、复检申报等内容。

工程建设期内，参建单位应每半年按照国家电网公司抽水蓄能电站达标投产考核办法进行一次逐条逐项的内部检查考核。上级有关部门安排开展动态考核的，可结合上级安排的考核工作一并进行。

四、达标投产与创优实施项目与过程控制

（一）工程建设各阶段策划要求

1. 招投标阶段

项目公司在招标文件编制完成前，应确定工程建设达标创优总体目标及主要分项目标，提出达标投产考核与基金设置等主要内容和实施规定，写入设计、监理、施工承包商及设备制造商等招标文件，并检查投标人响应性。

2. 主体工程承包商进场后

项目公司应明确主体工程施工承包商进场后应完成的各相关准备工作，以及承包商进场后项目公司与各相关单位应立即进行的工作。通常包括：

（1）达标投产考核实施细则的编制与下发。

（2）各级达标创优工作组织机构的建立。

（3）编写达标创优总目标实现的保证措施。

（4）提出创优分项目标的实施计划等。

3. 主体工程施工阶段

项目公司达标投产动态考核策划内容一般包括：

（1）定期考核的时间规定与方式方法。

（2）考核形成的记录与专业小组总结资料的编写。

（3）办公室每次考核形成的资料与提交领导小组的文件。

（4）策划确立的相关目标、实施计划、报审等工作进展情况的检查。

（5）强制性条文执行情况的检查与记录。

（6）国家明令禁止使用的技术及材料的检查与记录等。

4. 首台机组发电前策划的主要内容

（1）工程安全鉴定和发电前质量监督检查。

（2）工程设计及变更完成与落实情况的全面检查与盘点。

（3）施工中未完缺陷处理。

（4）分部及单位工程验收。

（5）工程建设总结编写及相关数据分析统计。

（6）历次质量监督与安全鉴定遗留问题的处理及资料收集整理。

（7）达标投产考核中存在问题的改进。

（8）发电运行组织机构、人员与培训、运行管理制度建立、工器具准备。

（9）售电上网事宜联系。

（10）竣工资料归档安排等。

5. 首台机组发电后应策划的内容

（1）达标投产最终考核与考核基金结清。

（2）联系中电建协进行创优咨询。

（3）参加中电建协举办的相关学习培训。

（4）全面部署并联系、组织达标投产验收。

（5）八个竣工专项验收工作安排。

（6）设计单位工程优秀设计奖准备及申报工作。

（7）机组调试运行中发现问题的分析及处理。

（8）竣工资料审查与归档工作。

（9）竣工决算工作的安排部署。

（10）机组发电后相关调试工作的组织与安排等。

6. 全部机组发电后

策划应根据工程建设条件，对照一年到两年的时间要求，列出各项工作计划并落实责任部门与人员，策划内容主要包括：

（1）竣工阶段电站工程安全鉴定与质量鉴定检查。

（2）已完工程的竣工资料归档。

（3）相关单位达标创优工作总结。

（4）各单位申报及获得的本工程专利、工法、QC 小组、科技成果与其他省部级奖项收集整理。

（5）提出达标创优时间安排计划。

（6）安排电站工程质量评价活动。

（7）工程建设管理与施工难点与亮点的提炼。

（8）各种汇报资料的编写。

（9）电站运行数据与设计及行业指标分析对比。

（10）工程建设预算、工程建设与发电等效益分析。

（11）DVD 录像片脚本准备与制作等。

（二）工程建设合法性证明文件管理

策划中应强调工程建设合法性文件的办理、审批与文件收集保管归档工作。国家级优质工程评审明确规定的合法性文件为（包含不限于）：

（1）项目核准文件（发展改革委）。

（2）规划许可证（规划管理部门）。

（3）土地使用证（国土部门）。

（4）水资源使用许可文件（水利部门）。

（5）水土保持验收文件（项目单位）。

（6）工程概算批复文件（规划院）。

（7）质量监督规定的各阶段监督报告（质量监督中心站）。

（8）安全设施竣工验收文件（安全生产监管部门）。

（9）涉网安全性评价文件。

（10）环境保护验收文件（项目单位）。

（11）消防验收文件（消防部门）。

（12）劳动保障验收文件（劳动保障部门）。

（13）职业卫生验收文件（安全生产监管部门）。

（14）档案验收文件（上级主管单位组织，地方档案行政管理部门参加）。

（15）工程（机组）移交生产签证书（启动验收委员会）。

（16）工程竣工决算审计报告（有资质的第三方会计师事务所）。

（17）枢纽工程竣工验收文件（项目核准部门委托的验收委员会）（水电）。

（18）工程竣工验收文件（上级单位组织，各专项验收的有关单位参加）。

（三）工程建设全过程达标投产动态考核

由于达标投产考核内容基本涵盖工程建设各项管理工作，策划应重点明确其动态考核的有效实施方案，如按至少半年一次的定期考核时限，对照条款逐条逐项的检查方式，发现问题立即整改的管理控制措施，根据考核结果进行一年兑现一次配合费的具体要求等详尽地写入策划之中，以便严格要求，认真落实。

（四）《强制性条文》实施检查

策划中对工程建设强制性条文的贯彻执行应加以专门论述，其内容主要包括动态的强制性条文清单的建立、强制性条文实施计划和实施记录（包括检查表格的制定）、强制性条文宣贯与学习培训等。

（五）宣传、教育与培训

为做好达标投产考核与创建优质工程活动，策划文件中应明确做好达标创优宣传、教育与培训工作，提出开展相关工作的具体要求。通过宣传、教育与培训使全体参建人员明晰工程建设目标、掌握基本要求、了解具体做法，在观念和认识提高的同时，积极投入达标创优工作之中。

（六）工程里程碑计划控制

根据达标创优的规定要求，策划中应明确工程建设具有里程碑性质的计划目标，提出完成目标的保证措施并结合达标投产动态考核做好检查等控制手段，保证工程建设按照国家批准的建设工期完成。

1. 投资与效益

做好工程建设投资控制和发挥电站效益是达标投产与创优的必备条件之一，策划中应提出相关部门在结合达标投产动态考核过程中，对工程建设招投标、设计与施工方案、设计变更、设备采购、材料使用、工程结算、安全生产、施工质量、工程进度等方面进行控制与检查的要求，确保工程建设投资控制在预算之内，电站运行取得最大效益。

2. 质量监督工作

策划中应对工程建设质量监督工作开始的时间、方式方法、频次等提出要求。

3. 工程建设管理创新

工程建设管理创新是一个较大的课题，策划应在分析内外条件因素后，结合自身的优势，在工程建设管理模式、方式方法等方面探索新的思路，对安全、质量、进度、投资控制等各方面管理提出创新及总结要求。

4. 工程优秀设计

对策划中已明确的工程优秀设计奖，项目公司要给予足够的重视，尽最大程度从勘测设计之初就对电站总体布置、结构方案、工程预算等方面加以了解和掌控，要有措施有办法，舞好设计这一“龙头”。策划中还应对设计单位工程优秀设计奖申报准备及时限提出具体工作计划与要求。

5.“五新技术”及“十项新技术”应用

“五新技术”是指新设备、新技术、新材料、新工艺、新流程；“十项新技术”是指住房和城乡建设部推广的建筑业十项新技术。策划应结合工程建设具体情况，对“五新技术”及“十项新技术”实际应用的项目和数量提出明确要求，对其应用、总结、鉴定或申报工作作出指导性意见。

与此同时策划中还应明确对国家有关部门发布的关于明令禁止使用技术的责任部门，以便及时了解被限制禁止使用的技术（物资）种类及范围，及时向参建单位发布信息，结合达标投产进行检查，并进行记录，以便相关验收时提交工程建设中未使用限制禁止使用技术的证明材料。

6.“四节一环保”与“绿色施工”

“四节一环保”是指节能、节水、节材、节地和环境保护，“绿色施工”是指工程建设中，通过科学管理和科技进步，最大限度地节约资源，保护环境的施工活动，实现“四节一环保”。绿色施工技术包括文明施工、封闭施工、减少噪声扰民、减少环境污染、清洁运输、减少场地干扰等。

策划中应从做好绿色施工的组织、规划、实施、评价及人员安全健康五方面管理对相关单位提出要求，并使绿色施工融入环保、水保与文明施工工作之中，促进环保、水保与工程建设“三同时”目标的实现。上述工作也可结合达标投产定期考核对其进行检查和督促落实。

7. 科技成果

工程建设中应用五新技术、节能减排、技术革新、推广已有先进技术、引进国外先进技术或设备等方面取得显著经济和社会效益、有所突破创新等成果均因按规定进行总结和申报，直至取得省部级以上奖项。策划中对此应提出要求。项目公司应会同有关单位进行策划与安排，并提供支持与便利，即可在工程建设质量、进度、投资等方面获得成效，又可以取得可喜的科技成果。

8. 专利、工法、QC 小组管理

项目公司要重视专利、工法、QC 小组活动的管理与落实工作，并在策划中对上述工作的落实项目、组织实施、活动开展、总结与申报等应提出计划与要求。进而保证每项工作都取得成果，每个方面都有省部级证书及奖励，以便为达标创优工作打好基础。

9. 电力行业科技示范工程创建

电力行业科技示范工程是电力建设行业设置的一个奖项，旨在奖励电力工程建设中科技工作成效显著、成绩突出的单位。策划中应有所布置，各项目公司也应有所掌握和了解，结合相关工作要求进行安排与落实。

10. 管理与技术人才培养

策划中应鼓励项目公司和参建单位各级管理人员把握工程建设的机遇，确定管理、技术、经济等各类优秀人员的培养计划，制定相应政策，鼓励员工在工程建设管理中发挥更大作用，通过工程建设实践培养一批优秀人才。项目公司上述计划安排应写入策划之中。

11. 设计与施工过程优化

为提高工程质量、合理安排施工进度、增加经济效益，策划中应提出要求，鼓励各参建单位和人员，对原设计方案和施工措施提出优化方案及合理化建议，特别是注重发挥好设计的“龙头”作用。要求还应包括注意收集优化实施过程资料，整理优化成果等内容。

12. 资料积累与亮点总结

资料积累主要是指施工建设期间有关达标投产和创优各种资料的积累、整理与归档，包括工程建设中难点、特点与亮点的总结提炼、保留不含任何瑕疵的照片等资料。项目公司及各参建单位都应高度重视，对于达标投产与创优过程中实施细则、考核检查、强条检查、设计优化、工法、专利、QC 小组、五新技术、四节一环保、工程建设与运行的先进指标等资料进行有效积累与亮点总结是必不可少的环节。策划中必须明确项目公司相关部门及各参建单位的工作职责，各单位达标投产办公室应重点抓好此项工作。

13. 开展质量评价工作

明确创建电力行业及国家级优质工程的项目，项目公司应对质量评价工作进行策划安排。项目公司应根据《水电水利工程质量评价标准》开展质量评价工作，聘请独立专家对电站工程主体结构完工后和达标投产通过后两个阶段，分别进行两次独立质量评价，每次应聘请专家 3～5 人。只有获得高质量等级的质量评价结果才具备中国电力优质工程奖、国家优质工程奖评选条件。

14. 关于施工质量控制要点

项目公司策划中需明确，各施工承包商在制定内部实施细则时，应结合各自的经验与长处，针对施工项目提出一些具有质量特色、有独到之处、实际量化指标高于标准值的质量控制要点，在确定具体项目后提出检查标准、控制措施，保证各控制点目标顺利实现并创出更多的亮点。

15. 关于防止质量通病的发生与处理

防止和减少施工过程质量通病的发生对实现一次成优、自然成优意义重大，策划中应结合工程特点，对防止质量通病的产生和处理提出明确要求，并在实施细则中完善和落实。

16. 关于发电机组的运行调试

由于各种原因，电站机电安装工程全部结束和投入运行前后，有些机电相关性能试验项目不能及时进行，但在创优检查中对规定调试项目和数据要求严谨，策划制定时项目公司应予注意。

17. 关于成品保护

增强成品保护意识，做好在建工程的成品保护对保证工程质量、降低工程成本、加快施工进度均有益，策划中对此应提出明确要求。

五、申报流程

为贯彻“百年大计、质量第一”的方针，持续提升水电工程建设质量和工艺水平，实施质量强网，国家电网公司依据国家有关法律法规及《国家电网公司基建质量管理规定》，结合国网新源公司基建项目管理实际，组织开展了国家电网公司水电优质工程评定工作，目的是对已投运的水电水利工程经过一定运行考核期后，对工程项目的管理规范性、技术先进性、质量和工艺优良性、运行可靠性、指标合理性等方面进行评定。

（一）项目上报

1. 上报范围

达标投产考核和公司优质工程评定范围包括国网新源公司及其所属单位的装机容量15万kW及以上的水电工程（含抽水蓄能）。

2. 上报条件

（1）达标投产。水电工程达标投产初验和复验条件应严格满足《水电水利工程达标投产验收规程》（DL 5278—2012）的相关要求，复验应在机组并网发电后的12个月内进行。

（2）优质工程上报。

1）工程建设符合国家基本建设程序，严格执行工程建设标准强制性条文；工程项目移交生产运行满6个月，且原则上不超过2年；工程建设期间和考核期，未发生一般及以上安全责任事故、一般及以上质量责任事故，未发送重大环境污染事故和重大不良社会影响事件；工程项目通过达标投产复验，并通过枢纽工程专项验收；工程主要技术经济指标满足设计要求和合同保证值，且达到国内同期、同类项目先进水平；工程档案完整、准确、系统，便于快捷检索利用。

2）申报优质工程的项目应按现行国家、行业及国家电网公司的技术规范、质量标准及相关规定组织施工，并认真开展施工和调试质量的检验及评定，工程质量总评为优良。

3）上报项目必须符合上报程序要求，前一阶段检查未通过并完成问题整改，不得上报下一阶段检查、评定。

3. 上报程序

（1）达标投产上报程序。具备申报条件的工程项目，由项目单位向国网新源公司申报。

（2）优质工程上报程序。每年4月30日和10月31日前，国网新源公司分批向国家电网公司报送纳入优质工程评定范围项目申报材料。

4. 上报材料

（1）达标投产复验上报资料。

1）达标投产复验申请表1份（见DL 5278—2012附录A）。

2）达标投产初验报告（见DL 5278—2012附录B）。

3）达标投产初验检查验收表（见 DL 5278—2012 第 4 章）。

4）达标投产初验强制性条文检查验收表（见 DL 5278—2012 附录 C）。

5）让步处理报告。

6）初验检查验收“存在问题”整改闭环签证单。

（2）优质工程复验上报资料。

1）国家电网公司工程建设项目优质工程申报表一式 2 份。

2）本工程批准建设立项文件复印件一式 2 份。

3）工程建设有关批准文件（应包括土地使用证、规划许可证、开工批复文件）复印件各 2 份。

4）项目单位及主要参建单位（设计、施工、监理）的创优质工程计划各一份。

5）工程启动竣工验收证书复印件 2 份，遗留问题处理结果说明 2 份。

6）工程质量监督部门对工程质量的评价和推荐意见 2 份。

7）达标投产复检报告和全部项目评分表、复印件一套、达标投产工程命名文件复印件一份。

8）工程参建单位（包括施工承包、施工分包、设计、监理、调试等）工程总结各一份。

9）反映工程情况和质量情况的工程彩色数码照片一套，应包括工程全貌 1～2 张、土建工程 2～4 张、安装工程 4～6 张、独具特色部位若干张、投产后现状 2～4 张。

10）以 DVD 格式录制的介绍工程基本情况和创优工作的光盘一套，其长度为 5～10min，需配有解说词。在提交的工程总结材料和图片、声像材料中要包括反映建设期间开展创优活动、建设期间质量安全及文明施工管理、隐蔽工程施工质量工艺方面的内容。

（3）材料要求。

1）申报材料须齐全、合格，填写工整、清晰、内容真实，签署意见具体、准确，签名及印章齐全、有效。

2）上报或现场备检的工程项目总结、图片和声像等材料应能反映工程全貌。包括施工阶段（包括基础、结构和设备安装等）及主体工程的重要部位、隐蔽部位、施工技术和质量保证措施，工程建设、设计、施工、监理的主要管理特色及工程投产后取得的经济、环保和社会效益等。

（二）评定

1. 考核内容

达标投产评定应严格按照《水电水利工程达标投产验收规程》（DL 5278—2012）中的质量检查验收表对全部检查项目进行初验和复验。达标投产及优质工程评定包括以下七个方面的内容（表格详见《国家电网公司水电优质工程评定管理办法》）：

（1）职业健康安全与环境管理（10%）。

（2）水工建筑工程质量（20%）。

（3）工业建筑工程质量（10%）。

（4）机电设备安装工程质量（20%）。

（5）金属结构安装工程质量（10%）。

（6）调整试验与主要技术指标（15%）。

（7）工程综合管理与档案（15%）。

2. 评定组织

国家电网公司和国网新源公司组建优质工程评定专家库并动态调整；达标投产的组织由项目单位完成初验，国网新源公司组织复验及命名，命名文件报送国家电网公司基建部备案；优质工程评定的组织在国网新源公司完成达标投产命名后，由国家电网公司组织核验及命名。

3. 评定程序

国家电网公司水电优质工程评定工作原则上每半年组织一次，分自检（达标投产初验）、复检（达标投产复验）、核检三个阶段。

（1）自检（达标投产初验）由项目单位组织，编制优质工程自检报告等申报材料，通过达标投产初验的项目编制达标投产复验申请表，并上报国网新源公司。

（2）复检（达标投产复验）由国网新源公司在收到达标投产复验申请表和优质工程申报材料后组织专家组进行现场复检。

（3）核检由国家电网公司在收到国网新源公司报送的优质工程复检报告后，组织核定优质工程项目，主要是复核优质工程合规性文件及复检发现问题的闭环整改落实情况。

4. 评定方法

优质工程评定工作应从专家库中抽取专家组成检查组开展。达标投产复验和优质工程评定复检方式包括以下八个方面的内容：

（1）听取工程创优工作汇报，主要内容包括：工程概况；建设管理情况及创优实施情况；新设备、新材料、新工艺、新技术的采用情况；工程质量检验及评定情况；质量问题及处理情况。

（2）听取生产运行情况介绍：生产运行简况；对工程建设质量的总体评价；投运以来的运行情况及有关指标，主要技术经济指标与实际达到数据的对比及可靠性指标等内容。

（3）查看质量监督部门对工程质量的总体评价意见。

（4）按照国家电网公司水电优质工程标准评分表的抽查要求，抽查工程项目的管理、设计、施工、监理、设备、竣工及运行管理资料是否符合要求；分类、组卷、装订等满足档案管理有关规定；工程资料必须真实、清晰、易辨认，不得涂改或伪造；施工过程中的资料应与工程进度同步形成；资料之间有关联时，相互间应能正确衔接、印证；各项资料的收集、填写全面，应能够真实反映施工过程的实际情况并能证明工程的内在质量。

（5）核查枢纽验收等资料的完整性：主要检查勘测、设计自检报告及施工、监理、监造、运行等单位分别签署的质量合格文件或质量评估（评价）报告。核查政府有关部门，如消防、枢纽、档案等验收部门出具的书面意见（或文件）。

（6）严格按国家电网公司水电优质工程标准评分表所列项目，进行现场查看、实测，抽检工程实物质量，评价时各单项分扣完为止，不计负分。

（7）核对现场实测数据与施工、监理的原始记录，检查原始记录的真实性。

（8）检查动态质量稳定性：核查安全生产运行记录、可靠性管理记录、主体建（构）筑物沉降记录、继电保护及安全自动装置动作记录、计算机监控系统可靠性、数据采集系统的记录等。

（三）命名

（1）通过达标投产复验的项目，由国网新源公司行文命名，授予“达标投产工程”称号。

（2）国网新源公司优质工程复检专家组提出初步评定意见（包括复查报告及评分结果），综合得分率在90%及以上的工程项目为具备“国家电网公司水电优质工程”命名资格的必要条件。通过优质工程复检的工程项目经国家电网公司核定批准后，授予“国家电网公司水电优质工程”称号。

（3）国家电网公司将根据每年优质工程评定结果、相关国家级优质工程（建设工程鲁班奖、国家优质工程奖）奖项的上报条件和名额等情况，确定国家级优质工程上报推荐项目，并统一推荐。

（四）奖励与处罚

1. 奖励

国家电网公司水电优质工程由国家电网公司基建部审批后行文命名，公布项目名称、项目法人、建设管理、设计、施工、监理、调试单位等信息。

2. 处罚

获得优质工程称号的工程项目，如在运行考核期间发生由于工程质量原因导致设备或电网事故，取消其优质工程称号。

思考与练习

1. 优质工程共分为哪几类？分别归属于哪些行业部门管理？
2. 工程建设各阶段策划要求有哪些？
3. 国家电网公司优质工程的申报流程包括哪几项？

参 考 文 献

［1］国网新源控股有限公司［新源（基建）G130—2015］工程建设质量管理委员会及例会管理手册
［2］国网新源控股有限公司［新源（基建）G134—2015］工程建设质量检查与考核管理手册
［3］国网新源控股有限公司［新源（基建）G128—2015］工程建设年度质量策划管理手册

第二章 质量监督管理

模块1 工程质量监督基本知识（Ⅰ级）

模块描述 本模块主要介绍水电工程质量监督管理基本概念、主管部门及职责、质量监督方式、工作内容等。通过知识讲授，掌握质量监督的意义及组织机构。

正 文

一、基本概念

工程质量监督是指主管部门依据有关法律法规和工程建设强制性标准，对工程实体质量和工程建设、勘察、设计、施工、监理单位（简称工程质量责任主体）和质量检测等单位的工程质量行为实施监督。质量监督是工程验收的必要条件。未接受质量监督，以及未按要求对质量问题整改到位的工程，不得通过工程验收和投入使用。

二、主管部门及职责

国家能源局负责全国水电工程质量监督管理工作。国家能源局委托水电水利规划设计总院组建总站。

水电工程质量监督总站负责国家核准（审批）水电工程质量监督具体工作。国家水电工程质量监督机构分三级设置，即水电工程质量监督总站（简称总站）、水电工程质量监督分站（简称分站）、水电工程项目质量监督站（简称项目站）。分站是总站的派出机构，负责区域内国家核准（审批）水电工程质量监督管理工作。大型水电项目、流域开发水电项目可设立项目站或流域站（统称项目站），一般由分站经总站批准组建。根据工程实际情况，总站可直接组建项目站。

目前，抽水蓄能电站质量监督工作由各项目公司直接向质量监督总站提出申请。水电工程质量监督总站工作职责包括：

（1）贯彻执行国家有关工程建设质量管理的方针政策、法律法规、工程建设强制性标准及水电工程质量监督有关规定。

（2）制订水电工程质量监督管理实施细则及相关规定，并组织实施。

（3）负责全国水电工程质量监督工作的归口管理。管理各分站、项目站工作，对各省能源主管部门成立的省站进行技术指导。

（4）负责对水电工程质量监督人员进行培训、考核和资格管理。负责对水电工程检测机构质量工作进行考核、评价和管理并及时发布。

（5）负责编制并落实国家核准（审批）的水电工程项目质量监督工作计划，向分站（或项目站）下达质量监督任务。

（6）根据需要，对技术复杂、建设难度大的水电工程，组织国内有关专家开展质量监督巡检工作。

（7）负责监督检查重大设计变更论证和实施是否合规合法。

（8）负责受理水电工程质量方面的举报和投诉，组织调查处理，组织开展或参与重大质量事故的调查处理。

（9）负责组织提交质量监督报告，参与水电工程截流、蓄水、机组启动阶段验收和竣工验收。

（10）负责水电工程质量监督信息化建设，建立质量监督网站，组织开展质量宣传教育和培训，分析工程质量动态，定期通报质量问题。

（11）负责定期向国家能源局报送质量监督综合情况报告，及时报告重大质量事故。

（12）完成国家能源局交办的其他工作。

三、质量监督方式

（1）水电工程质量监督采取巡视检查和驻站监督两种工作方式，其中巡视检查分为不定期现场巡视和工程阶段监督检查。

（2）主体工程巡视检查每季度不少于 1 次，筹建工程巡视检查视需要组织开展。每次巡视检查后提出质量监督报告。巡视检查专家宜保持连续性，并满足工作需要。

（3）阶段监督检查包括截流、蓄水、机组启动、枢纽工程专项验收以及总站认为需开展专项监督检查的其他重要建设阶段监督检查。阶段性监督检查后提出阶段质量监督报告。

（4）重大项目设立项目站并驻站监督。驻站监督原则上每月提出质量监督报告。

（5）巡视检查一般采取查看工程现场、听取工程建设各责任主体的汇报、与工程建设各责任主体座谈、检查工程质量管理体系建立和运行情况、抽查施工记录和质量检测记录、专题研究等形式。对影响工程安全的重要部位、隐蔽工程、质量问题突出部位进行重点检查。必要时，可要求进行经质量监督总站认可的第三方检测机构的检查验证和质量评价。

（6）质量监督检查中发现的质量缺陷或一般质量问题，监督机构应及时通知并要求项目建设单位进行整改，项目建设单位应及时将整改结果以书面形式报质量监督机构备案。对监督检查时发现的重大质量问题或质量隐患，除通知项目建设单位单位要求限期改正外，监督机构还应及时上报能源主管部门。

（7）重大工程可采取驻站监督方式，对建设工程进行全过程质量监督。包括监督检查国家有关质量方针政策、法律法规、工程建设标准强制性条文的贯彻执行情况，各工程质量责任主体质量管理体系建立及运行情况，重大设计变更、重大施工方案履行程序情况，以及现场施工质量的监督检查。

采用驻站监督形式的工程也需组织开展巡视检查。项目站应根据驻站监督检查情况，及时提出开展巡视检查的意见和建议。

四、工作内容

（一）质量监督巡视检查工作主要内容

（1）检查工程建设各方的资质是否符合要求。工程是否被转包或违法分包的有关情况。

（2）检查工程质量责任主体贯彻执行有关质量管理方针政策、法律法规、工程建设标准强制性条文情况。

（3）检查工程质量责任主体工程质量管理体系建立、运行情况，工程质量管理规章制度执行情况。

（4）检查技术规程、规范和质量标准的执行情况。

（5）检查重大设计变更是否论证充分并履行相关程序。

（6）检查工程施工现场，查阅工程建设有关资料，监督检查工程实体质量状况。检查工程安全文明施工状况。

（7）分析研究工程质量行为、工程实体质量和安全文明施工存在的主要问题，提出评价意见和建议。

（8）客观、公正地编写质量监督报告，对工程质量行为、工程实体质量做出客观、公正评价。

（9）阶段性巡视质量监督报告还应对工程是否具备阶段性验收条件做出结论。

（二）驻站监督工作内容

（1）列席重大设计变更决策会议、重大施工方案讨论会以及重要质量专题会议。

（2）对工程关键部位、隐蔽工程、关键工序的实体质量进行跟踪检查。对主要材料、构配件和设备的出厂合格证、试验报告、见证取样送检资料及结构实体检测报告等进行抽查。

（3）及时了解、反馈工程建设过程中的质量状况。对技术复杂、建设难度大的水电工程项目，根据工程现场实际，及时提出开展质量巡视检查的意见和建议。

（4）参与所监督工程的质量缺陷或一般质量事故的调查和处理。对发生质量事故或工程质量产生缺陷的工程部位，进行核实和登记，及时进行质量监督备案，并及时向分站（总站）报送质量监督工作中发现的质量问题。

（5）编写质量监督工作月报以及专项工作报告，定期向分站（总站）汇报所监督工程的质量监督工作情况。

（6）现场受理有关工程质量的举报和投诉，负责对举报和投诉内容进行初步核实，及时上报分站（总站）。

（7）检查巡视专家组质量监督意见的落实和整改情况。

（三）参建各方质量管理检查内容

1. 对项目建设单位质量管理工作的监督检查内容

（1）检查项目建设单位质量管理体系建立和执行情况。

1）检查项目建设单位是否根据工程建设的实际情况，建立健全有效的工程质量管理体系，制定适合本工程的质量责任制。检查质量管理体系运行情况和规章制度实施情况。

2）检查项目建设单位是否认真核实并监督落实设计、监理、施工等单位按合同承诺投入本工程的管理、技术力量和设备等资源。项目建设单位应检查工程分包的项目、分包比例、分包单位的资质等情况。

3）检查项目建设单位是否根据工程规模委托监理或其他单位建立现场试验室和测量机构，或委托其他有资质单位进行试验测量，以抽检和复核施工承包单位上报的试验测量数据。

4）检查项目建设单位是否组织或委托有相应资质的专门机构负责主要设备监造、出厂验收及设备运输监督。

5）检查项目建设单位是否按时组织分部工程、单位工程验收，是否按有关规定参加工程质量评定，及时上报工程质量状况。检查项目建设单位是否按国家档案管理规定建立和完善工程质量管理与工程质量档案。

（2）检查工程项目审查，立项情况。检查项目是否按照国家基本建设程序组织工程项目各阶段设计审查和专业审查（主要包括：项目预可研、可研报告以及输电方案、征地移民安置方案、环境影响评价报告、水土保持报告等），有关审查意见是否得到落实。是否按照国家规定，非政府投资的项目进行工程立项申请和核准手续。有关批复文件、投资方协议书、项目建设单位注册情况和项目核准文件是否齐全。

（3）检查工程招标情况。检查工程设计、监理、施工、主要原材料和设备采购、制造等单位是否按照国家《招标投标法》规定进行招标。在招标文件及合同文件中是否明确工程技术要求、质量标准、质量责任，履约担保和违约处罚条款并建立相应的质量保证金制度。中标单位签订承包合同后是否有转包现象。

（4）检查工程建设标准强制性条文及国家、行业标准、规范执行情况。

1）检查项目建设单位是否按照工程建设标准强制性条文、国家及行业标准、规范执行，是否按批准的设计文件组织设计、监理、施工和生产等单位实施。

2）重大设计变更是否已按国家现行管理办法审批。

3）新材料、新工艺、新技术的采用是否经过专题试验、分析，技术经济论证和审批程序。

4）检查项目建设单位是否按照国家有关规定组织工程安全鉴定工作。

5）检查项目建设单位是否按国家及行业规范规定组织验收，验收程序和过程是否符合规定要求。

项目建设单位（现场管理部门）质量管理体系检查见表 2–1。

表 2–1　　项目建设单位（现场管理部门）质量管理体系检查表

<table>
<tr><td colspan="3">项目建设单位（现场管理部门）：</td></tr>
<tr><td>检查项目</td><td>检查内容</td><td>检　查　情　况</td></tr>
<tr><td rowspan="2">组织机构</td><td>机构成立情况</td><td>机构成立文件：
机构组建：□符合规定 □不符合规定</td></tr>
<tr><td>内设部门情况</td><td>部门成立文件：
内设部门名称：
共设____个部门。
现场管理部门：□有　□无
独立质检部门：□有　□无</td></tr>
<tr><td rowspan="4">人员配备</td><td>法定代表人（现场负责人）情况</td><td>法定代表人姓名：□专职　□兼职
（现场负责人）</td></tr>
<tr><td>技术负责人职称专业</td><td>技术负责人姓名：________职称，专业________。
□符合规定要求　□不符合规定要求</td></tr>
<tr><td>管理人员情况</td><td>人员数量：共____人；其中高级职称____人，中级职称____人，初级职称____人。
专业情况：________专业人；专业____人；
________专业人；专业____人。
人员结构情况：□符合规定要求　□不符合规定要求</td></tr>
<tr><td>质检部门人员情况</td><td>人员数量：共____人，其中持证____人。
质检负责人持证情况：□有　□无</td></tr>
<tr><td rowspan="7">质量管理</td><td>工程质量领导责任制建立情况</td><td>□建立　□未建立</td></tr>
<tr><td>质量管理责任制</td><td>□建立　□未建立</td></tr>
<tr><td>规章制度建立情况</td><td>规章制度共____项，其中工程质量管理制度项。
质量管理制度：□完善　□基本完善　□不完善</td></tr>
<tr><td>对监理机构质量控制体系检查情况</td><td>是否检查：□检查　□未检查</td></tr>
<tr><td>对设计单位现场服务体系检查情况</td><td>是否检查：□检查　□未检查</td></tr>
<tr><td>对工地第三方实验室质量管理体系检查情况</td><td>是否检查：□检查　□未检查</td></tr>
<tr><td>建管日志</td><td>记录情况：□完整　□不完整　□无记录</td></tr>
<tr><td colspan="3">质量监督机构核查意见：

质量监督员：（签名）
年　月　日</td></tr>
</table>

2. 对监理单位质量管理工作的监督检查

（1）检查监理单位质量管理体系建立和执行情况。

1）检查监理单位的资质是否满足要求。

2）检查监理单位是否建立健全有效的质量管理体系，建立相应的规章制度和工作程序。检查监理人员持证上岗情况，总监理工程师、主要监理人员的资质证书。

3）检查总监理工程师是否常驻工地，监理。人员是否全部到位，是否满足工程各专业质量控制要求。

4）检查是否有与被监理的施工承包单位和建筑材料、设备供应单位有隶属关系和其他利益关系的同体监理以及转让监理现象。

5）检查监理单位的监理设备、仪器是否按照监理合同规定按时到位，并按有关规定定期检查整定。

（2）监理工作制度。

1）检查监理单位是否制定适合本工程情况的监理大纲、监理规划和监理实施细则。在监理规划和实施细则中是否明确质量要求、质量目标，质量标准是否满足国家、行业规程规范和合同技术要求。

2）检查监理单位是否建立过程控制程序及实施办法，验收及检查签证制度和档案管理办法等。

（3）执行情况。

1）检查监理单位是否履行“四控制、二管理、一协调”的职责。

2）检查监理单位对主要原材料、中间产品的抽检情况和成果。

3）检查监理单位过程控制执行情况和旁站监理记录。

4）检查监理单位是否坚持监理例会制度，提出的质量问题是否能够及时解决。

5）检查监理对进场材料、设备出厂检验证明、出厂合格证、质量证明材料的检验及开箱检查、抽检情况。

6）检查监理单位是否严格实行质量检查验收签证和质量评定制度，检查验收签证原始记录和单项工程质量综合分析成果是否真实、准确、完整。

7）检查监理日志、监理月报等监理资料和文件，是否及时、真实、准确反映工程质量情况以及存在问题和处理情况。

8）检查监理单位对现场工程质量问题处理，发出指令情况，工程质量事故的报告及调查和处理情况。

9）检查监理单位对施工质量缺陷是否进行了登记，消缺手续是否完备，是否坚持施工质量事故报告备案制度。

10）检查监理单位是否及时对施工单位的质量检验结果进行了核实，是否及时对单元工程质量等级进行了复核，签字手续是否完备。

11）检查监理单位阶段验收的自检报告及对工程质量评定意见。

12）检查监理单位对质量监督的整改和落实情况。

13）检查监理单位文件、材料整编、归纳分析和档案管理工作。

监理单位质量控制体系检查表见表 2-2。

表 2-2　　监理单位质量控制体系检查表

监理单位：		
检查项目	检查内容	检　查　情　况
组织机构	监理资质	资质等级：________资质证书编号：________ □符合要求　□不符合要求
	监理机构设置情况	现场监理机构成立文件：________ 机构组成情况：________ □按投标文件承诺组建　□未按投标文件承诺组建
监理人员	监理机构人员到岗情况	人员数量：共____人，其中： 监理工程师____人，监理员____人，监理工作人员____人。 □数量符合合同要求　□数量不符合合同要求
	监理机构到岗人员专业情况	专业情况：________专业____人，________专业____人，________专业____人。 □满足需要　□基本满足需要　□不满足需要
	总监理工程师	到岗情况：□未变更　□变更符合规定　□变更不符合规定
	副总监理工程师	到岗情况：□未变更　□变更符合规定　□变更不符合规定
	监理机构到岗人员变更情况	监理工程师变更____人，监理员变更____人。 □符合规定　□不符合规定
监理检测	检测设备进场情况	主要检测设备： 是否满足监理工作需要：□满足　□基本满足　□不满足
	进场检测设备检定情况	主要检测设备数量，其中检定设备数量，未检定设备数量。 □符合规定　□不符合规定
	检测人员持证上岗情况	持证人员数量人： □满足　□不满足
	平行、跟踪检测情况	是否由有国家规定资质条件的检测机构承担： □符合规定　□不符合规定
质量控制	监理规划	编制情况： □满足要求　□基本满足要求　□不满足要求　□未编制
	监理实施细则	实施细则编制情况：共____个专业，包括________专业。 □满足要求　□基本满足要求　□不满足要求　□未编制
	岗位责任制建立情况	岗位责任制建立情况：共____个，包括： □完善　□基本完善　□不完善
	质量控制制度	质量控制制度建立情况：共____个，包括： □完善　□基本完善　□不完善
	规范表格使用情况	使用情况：□符合要求　□基本符合要求　□不符合要求
	监理日志	记录情况：□完整　□不完整　□无记录
	会议纪要	编发情况：□符合要求　□基本符合要求　□不符合要求
	对施工单位质量保证体系检查情况	是否检查：　□检查　□未检查
	对设备制造单位质量保证体系检查情况	是否检查：　□检查　□未检查
项目建设单位检查意见： 检查人：（签名） 年　月　日		
质量监督机构核查意见： 质量监督员：（签名） 年　月　日		

3. 对勘测设计单位质量管理工作监督检查

（1）检查勘测设计单位质量管理体系建立和执行情况。

1）检查勘测设计单位的资质是否满足要求。

2）检查勘测设计单位是否建立健全勘测设计质量管理体系，是否建立严格的勘测设计科研试验成果的校审签证制度和相应的校审签证人员的技术责任制。

3）是否建立了设计技术交底制度。

（2）勘测设计质量。

1）检查勘测设计文件是否满足国家强制性标准的要求，是否按照国家、行业规程规范进行设计，对重大技术问题是否进行充分的试验和论证。

2）检查勘测资料是否与实际相符合，如有重大偏差是否反馈修改设计和采取相应的措施，以保证工程质量和安全。

3）检查设计变更是否按照规定的程序办理审批和设计变更手续，重大设计变更是否经过原审批部门的审查批准。

4）检查设计供图时间是否符合供图协议要求，是否满足现场施工需要。

5）检查设计图纸中的“错、漏，碰、缺”现象及专业接口衔接、图纸校审工作。

6）勘测设计由两个以上单位承担时，检查是否有明确的总体设计责任单位，总体责任方是否履行规定的职责和协调任务。

（3）现场服务。

1）检查勘测设计单位是否派出以设计项目经理或设计总工程师为首的专业配套、人员相对稳定的设计代表常驻工地，做好设计交底、提供技术服务。

2）检查现场设计通知，设计变更的审核、签发制度是否完善。现场设代机构是否建立了责任制。

3）检查设计代表处（组）在工地协调不同专业设计矛盾及解决图纸中“错、漏，碰、缺”的情况。

4）检查勘测设计单位对工程质量的关注和对施工中质量缺陷及问题提出的处理措施，开展地质预报等工作情况。

5）检查勘测设计单位在工地参加隐蔽工程、关键部位的四方联检及工程验收签证情况。

6）检查设计代表处（组）根据现场施工和地质、环境、监测等变化条件能否及时修改有关设计。

7）检查勘测设计单位是否按规定参与了质量缺陷及质量事故的调查与分析。

设计单位现场服务体系检查表见表 2–3。

4. 对施工承包商质量管理工作的监督检查

（1）检查施工承包商质量管理体系建立和执行情况。

1）检查施工承包商资质是否满足要求。

2）检查施工承包商是否建立健全质量管理体系，落实质量管理组织机构和责任制，制定质量目标、质量控制程序和控制手段是否满足合同要求。

表 2-3　　　　设计单位现场服务体系检查表

设计单位：		
检查项目	检查内容	检 查 情 况
组织机构	设计资质	资质等级：________资质证书编号：________ □符合要求 □不符合要求
	现场设代机构（设代）	按合同规定成立机构（明确设代）情况： □已成立（明确）□未成立（未明确）
设代人员	项目负责人	明确情况：□明确 □未明确
	人员数量及专业	共____人，其中高级____人，中级____人，初级____人。 专业情况：________专业____人，________专业____人，________专业____人。 □满足需要 □基本满足需要 □不满足需要
服务制度	设计文件、图纸签发制度	签发制度是否完善：□完善 □不完善
	单项设计技术交底制度	是否建立：□已建立 □未建立
	现场设计通知、设计变更的审核及签发制度	是否完善：□完善 □不完善
项目建设单位检查意见： 检查人：（签名） 年 月 日		
质量监督机构核查意见： 质量监督员：（签名） 年 月 日		

3）检查工程原材料、中间产品的质量检测项目、频数是否满足规范和设计要求。

4）检查工程实体质量检测项目、点数、检测结果是否满足规范和设计要求。各项检测记录是否齐全，记录、校对、审核签字手续是否完备。

5）检查施工承包商对重要工程及关键部位是否按照监理审批的施工组织设计进行施工，是否按监理审批的施工方法组织现场施工。

6）检查施工承包商是否认真执行质量的三级（班组初检、作业队复检、项目部终检）检查制度，明确三级质量检查人员，并在施工现场进行实名制签字。

7）检查施工承包商是否自觉接受监理的监督、接受监理的指令，是否认真改进质量管理工作。

8）检查施工承包商是否建立健全班前会、现场值班记录和工序质量检查验收签证。

9）检查施工承包商对施工质量缺陷有无私自掩盖行为，是否及时进行了描述、备案，是否建立质量事故的报告制度，质量问题是否按“四不放过”原则进行处理。

10）检查施工承包商的单位、分部、分项工程的质量评定工作是否规范，有关检测资料是否完整，是否经过监理单位的签证。

11）检查施工承包商是否制定重要部位工艺和外观质量措施及其内容。

12）检查施工承包商是否按要求实行质量奖惩制度及实施情况。

13）检查施工承包商是否有超过合同规定的分包、转包或变相转包，分包单位资质是否经过业主（监理）的审查同意，是否存在以包代管的现象。

14）检查施工承包商是否做到资料整编与施工同步进行，确保资料的真实、完整和准确性。

（2）检查施工承包商的质量管理机构及资源配置。

1）检查施工承包商是否按合同承诺投入，确保工程质量的人力和设备等资源。

2）检查施工承包商质量管理机构的设置是否健全，项目经理及技术负责人是否与本工程相适应的资质和能力。

3）检查施工承包商是否按合同规定在工地设立试验室，试验室人员、设备是否满足要求，设备是否达到国家认可的计量单位的年检要求，试验项目和频数是否符合相关规范的要求。

4）检查施工承包商技术工种的持证上岗情况。

5）检查施工承包商对协作队伍及作业人员的使用情况，协作人员的管理情况，有“以包代管”情况。

施工单位质量保证体系检查表见表 2–4。

表 2–4　　施工单位质量保证体系检查表

施工单位：		
检查项目	检查内容	检　查　情　况
组织机构	施工资质	资质等级：________资质证书编号：________ □符合要求　□不符合要求
	项目部组建	项目部成立文件： 内设部门名称： 共设____个部门。 独立质检部门：□有　□无
	现场实验室	建立或委托情况：□建立　□委托　□未建立、无委托
施工人员	主要管理人员到岗情况	人员数量：共____人，其中：工程师以上____人，助理工程师____人。 人员情况：□满足工程需要　□不满足工程需要
	项目经理	到岗情况：□未变更　□变更符合规定　□变更不符合规定
	技术负责人	到岗情况：□未变更　□变更符合规定　□变更不符合规定
	质检机构负责人	到岗情况：□未变更　□变更符合规定　□变更不符合规定
	质检人员	到岗____人，持质检证____人。 持证情况：□全部持证　□部分持证　□无持证人员
	关键岗位人员	到岗____人，持证____人。 人员情况：□满足工程需要　□不满足工程需要
工地实验室	仪器设备进场情况	主要仪器设备： 是否满足施工实验需要：□满足　□基本满足　□不满足
	进场仪器检定情况	主要仪器设备数量，其中检定仪器设备数量，未检定仪器设备量。 □符合规定　□不符合规定
	检测人员	共____人，持证人员：____人，其中量测类____人，岩土类____人，混凝土类____人，机电类____人，金属结构类____人。 专业类别：□满足要求　□基本满足要求　□不满足要求

续表

<table>
<tr><td>检查项目</td><td>检查内容</td><td>检　查　情　况</td></tr>
<tr><td rowspan="2">机械设备</td><td>机械设备进场情况</td><td>进场施工设备的数量、规格、性能是否满足施工合同的要求：
□满足　□基本满足　□不满足</td></tr>
<tr><td>报验情况</td><td>□报验　□未报验</td></tr>
<tr><td rowspan="6">质量保证规章制度</td><td>岗位责任制建立情况</td><td>岗位责任制建立情况：共____个，包括________________
□完善　□基本完善　□不完善</td></tr>
<tr><td>工程质量保证制度建立情况</td><td>质量保证制度建立情况：共____个，包括________________
□完善　□基本完善　□不完善</td></tr>
<tr><td>采用的规程、规范、质量标准情况</td><td>有效情况：□有效　□部分无效</td></tr>
<tr><td>“三检制”</td><td>制定情况：□按规定制定　□未按规定制定　□未制定</td></tr>
<tr><td>施工技术方案</td><td>申报情况：□已申报　□未申报</td></tr>
<tr><td>技术工人技术交底情况</td><td>进行情况：□按要求进行　□未按要求进行</td></tr>
<tr><td colspan="3">监理单位检查意见：

检查人：（签名）
年　月　日</td></tr>
<tr><td colspan="3">项目建设单位复查意见：

复查人：（签名）
年　月　日</td></tr>
<tr><td colspan="3">质量监督机构核查意见：

质量监督员：（签名）
年　月　日</td></tr>
</table>

5. 工程主要原材料及设备供应质量管理工作的监督检查

（1）检查工程主要原材料及大型施工设备、金属结构、机组设备是否通过招标选择有相应资质的供应单位，在供货合同中是否明确有相关技术标准和质量标准。

（2）检查主要设备是否按国家标准和行业标准进行驻厂监造，监造人员是否具有相应的资质。

（3）检查主要设备厂商是否有分包、转包行为及分包厂商是否有相应的生产资质。

（4）检查工程主要原材料、设备是否有出厂检验证明、出厂合格证及有关质量证明材料。

（5）检查进厂材料、设备有否开箱验收检查、抽捡验收资料。

6. 对工程检测单位质量管理工作的监督检查

（1）测量。

1）检查工程测量单位的资质是否满足要求。

2）检查工程测量单位质量管理体系建立和执行情况。

3）检查工程测量单位是否按合同承诺投入，工程测量单位人力和设备情况。

4）检查工程测量单位的仪器设备是否做到有关计量审核单位的年检要求。

5）检查工程测量单位在施工现场进行有关测量成果的复测情况。

（2）试验、检测。

1）检查试验、检测单位的资质是否满足要求。

2）检查试验、检测单位质量管理体系建立和执行情况。

3）检查试验、检测单位是否按合同承诺投入，确保工程试验、检测单位人力和设备情况。检查试验、检测人员是否持证上岗。

4）检查试验、检测单位的仪器设备是否做到有关计量单位的年检要求。

5）检查试验、检测单位在施工现场进行有关试验、检测成果的汇总分析情况，以达到工程技术支持的要求。

6）检查试验、检测单位的试验、检测资料整编是否与施工同步形成。

（3）监测。

1）检查监测单位的资质是否满足要求。

2）检查监测单位质量管理体系建立和执行情况。

3）检查监测单位是否按合同承诺投入，确保工程监测单位人力和设备情况。检查监测人员是否持证上岗。

4）检查监测单位是否按设计要求埋设监测仪器，完好率情况，能否及时检测工程部位的有关状况。检查所安装埋设的监测仪器是否有出厂检验证明、出厂合格证和有关质量证明材料，以及现场开箱检验率定情况。

5）检查监测单位的仪器设备是否做到有关计量单位的年检要求。

6）检查监测单位能否将检测情况及时反馈给有关部门，有利于工程质量和安全。

7）检查监测单位的监测资料整编是否及时进行，监测资料分析是否合理。

检测单位质量保证体系检查表见表 2–5。

表 2–5　　　　检测单位质量保证体系检查表

检测单位：		
检查项目	检查内容	检 查 情 况
组织机构	检测资质	资质等级：________资质证书编号：________ 资质类别：□岩土工程　□混凝土工程　□金属结构 □机械电气　□量测 □满足要求　□不满足要求
工地检测人员	人员情况	检测人员数量：共____人，持证____人。 □满足要求　□基本满足要求　□不满足要求
	项目负责人	任职：□符合规定　□不符合规定
	技术负责人	职称：□符合规定　□不符合规定
	质量负责人	职称：□符合规定　□不符合规定
现场设备仪器	设备仪器	主要检测设备（附一览表，注明仪器名称、编号、型号、测量范围、准确度等级、不确定度、量值溯源） 是否满足检测工作需要：□满足　□基本满足　□不满足

续表

检查项目	检查内容	检 查 情 况
现场设备仪器	设备仪器检定情况	主要检测设备数量________，其中检定设备数量________，未检定设备数量________。 □符合规定　□不符合规定
	检测参数	检测参数共____个，其中岩土工程类____个，混凝土工程类____个，金属结构类____个，机械电气类____个，量测类____个。 □满足　□基本满足　□不满足
试验室设施和环境	设施场地	是否满足检验工作的正常运行： □满足　□基本满足　□不满足
	环境条件	是否按规定进行监测控制： □按规定　□不按规定
	内务和安全管理	是否制定内务和安全管理措施： □制定　□未制定
质量保证制度	维护制度	□制定　□未制定
	仪器设备状态标识	□规范　□不规范
	仪器设备档案	□建立　□不规范　□未建立
	仪器设备的检定校验计划	□制定　□未制定
	质量内控制度建立	质量手册、程序文件、作业指导书等制定情况： □完善　□基本完善　□不完善
项目建设单位检查意见： 检查人：（签名） 年　月　日		
质量监督机构核查意见： 质量监督员：（签名） 年 月 日		

思考与练习

1. 简述工程质量监督管理的定义及特点。
2. 对项目建设单位质量管理工作的监督检查内容有哪些？
3. 水利水电工程阶段监督检查包括哪些专项验收？

模块 2　工程质量监督检查（Ⅱ级）

模块描述　本模块介绍质量监督组织机构及职责、质量监督工作程序、资料的准备以及各专业检查内容等。通过要点讲解，掌握质量监督管理的基本知识，能够承担质量监督日常管理的工程质量监督总站监督巡视管理、监督与检查、资料归档等日常管理工作。

正 文

一、组织机构及职责

（一）国网新源公司本部

基建部：

（1）是本部工程建设质量监督管理的归口管理部门。

（2）监督、指导基建单位及时申请办理质量监督手续。

（3）监督、指导基建单位质量监督迎检及质量监督报告整改意见的落实。

（二）项目建设单位

1. 总经理

（1）签发工程建设质量监督申请书。

（2）协调解决工程建设质量监督检查出现的重大问题。

2. 分管领导

（1）审核工程建设质量监督申请书。

（2）组织申请开展工程建设质量监督检查工作。

（3）组织研究制定水电工程建设质量监督报告提出问题的整改措施和落实。

3. 工程部

（1）是本单位工程建设质量监督的归口管理部门。

（2）组织各参建单位准备质量监督巡视自查报告和备查资料。

（3）接收处理质量监督巡视检查报告并归档。

（4）负责对质量监督巡视检查提出的问题进行整改，组织制订质量监督巡视整改计划，编写质量监督巡视整改情况报告。

（5）收集、整理项目工程质量监督管理相关资料并按要求归档。

二、质量监督工作程序

（1）项目建设单位应在“三通一平”等筹建工程施工和主体工程开工前分别办理质量监督手续，向质量监督总站提交质量监督申报书及相关材料。

（2）质量监督总站收到质量监督申报书后，对符合条件的项目应在 15 个工作日内向项目建设单位下达工程质量监督通知书，明确受理事宜，包括具体监督机构、监督范围、监督方式、双方职责及相关要求等。工程质量监督通知书同时抄报国家能源主管部门，抄送项目所在省（自治区、直辖市）能源主管部门。

（3）质量监督总站根据工程进展情况，编制项目的质量监督工作计划，向分站或项目站下达质量监督任务，及时开展质量监督巡视检查或驻站监督工作。

（4）质量监督巡视专家组对工程现场进行巡视检查前，一般应提前 2～3 周通知项目建设单位，项目建设单位组织工程参建各方准备工程质量管理、工程实体质量和安全文明生产状况等有关情况的自查报告和备查资料。

（5）根据现场巡视检查情况，巡视专家组应提出质量监督现场巡视报告初稿，由总站或授权的分站对现场巡视报告初稿审定后正式印发给项目建设单位。

（6）项目建设单位应认真研究质量巡视报告，并组织工程建设各方对工程建设中存在的质量问题限期进行整改，2 个月内向质量监督机构报告整改落实情况，质量监督机构应进行跟踪检查监督。

（7）对驻站监督项目，项目站应结合工程建设计划，制订项目监督站工作大纲，经分站或总站批准后，以书面形式通知参建各方。

对现场监督检查中发现的质量问题，及时发出监督检查整改通知书，要求质量责任主体单位限期整改。

（8）各阶段验收前，由总站或授权的分站出具阶段质量监督报告，作为验收依据之一。

（9）按有关规定的要求，完成全部工程质量监督文件的归档工作。

三、参建各方的资料准备

（1）工程参建各方，包括项目建设单位、设计、监理、施工（安装）、监测和生产准备等单位，在接受巡视检查之前，都应按本大纲的要求准备相应的自查报告和备查资料。

（2）自查报告内容主要包括：

1）工程概况。

2）工程预可行性研究报告或可行性研究报告、水土保持、环境保护、开工等核准（审批）的部门、时间、文号、文件名称。

3）工程设计、监理、主要施工单位、主要机电设备、金结设备制造单位名称，资质等级及所承担的工程任务。

4）工程形象面貌。

5）工程质量管理体系的建立、运行情况及自我评价。

6）已完工程质量状况及自我评价。

7）设计变更和实施情况。

8）安全监测资料综合分析。

9）工程质量管理和工程实体质量存在的问题及采取的措施。

10）前一次巡视报告中所提意见和建议的整改落实情况。

11）安全文明施工状况。

此外，还应有监理和施工单位填写的有关土建、机电和金结质量统计表格［见《水电工程质量监督大纲》（2016 年版）附件 8–11］。根据工程实际情况，在征得监督人员同意后，上述内容可适当简化。

（3）根据工程的不同建设阶段，准备相应的备查资料，主要包括勘测设计技术文件，招投标文件，设计月报、设代日志、监理月报、监理日志、监理旁站记录，安全监测资料分析报告，质量、安全管理规章制度及其实施的具体方法、程序、效果等资料，施工方案、方法、试验检测原始记录和检查验收的签证等。

（4）对实行驻站监督的项目，参建各方应按照项目监督站要求进行资料准备。项目监督站对参建各方所提供的工程有关文件、责任主体质量管理文件、工程质量检测资料进行检查核实。

四、各专业质量监督检查工作内容

（一）现场安全文明施工的监督检查内容

1. 安全文明施工

（1）检查安全文明施工的制度、体系是否完善，是否按合同承诺投入了相应费用，是否定期开展检查活动。

（2）检查现场主要施工道路交通安全标志和危险处所的防护装置是否齐全、可靠；施工道路排水是否通畅；道路是否配备有洒水车压尘，减少现场环境污染。

（3）检查地下洞室施工现场的水、气、风管道敷设是否规范；用电线路敷设及用电是否规范；是否保持现场整洁，物料码放是否规则，安全标志是否按国家标准着色、设置；施工现场是否做到“工完、料清、场地净”。

（4）检查施工过程中产生的污水、废渣、粉尘以及噪声、振动等可能对环境造成的污染和危害是否采取处理和防护措施。

（5）检查工程施工期间挖、填、平整场地及土石方的堆放，是否按施工组织设计确定的方案，严格管理，防止造成水土流失。

（6）检查健康与环境保护工作情况，水土保持工程随工程建设同步实施等情况。

（7）检查施工单位向作业人员提供劳动保护用品情况，施工现场卫生、急救、防疫、防毒、防辐射等专项措施。

（8）检查施工单位三级安全教育和班前会制度制订、执行情况，新进场人员、外聘劳务是否进行入场教育，各特种作业人员是否均持证上岗。

2. 工程安全措施

（1）检查工程建设期安全度汛，组织机构和各方职责是否落实；度汛工程形象面貌是否达到设计要求；防洪物资是否储备充足；汛情预报渠道是否畅通；是否制定防汛应急预案。

（2）检查地质预测预报是否及时，检查高边坡、地下洞室、斜井、竖井等开挖工程施工组织设计是否审批；安全措施是否到位；不良地段开挖支护是否及时。

（3）检查炸药库是否经安全主管部门审批和验收，民爆用品管理制度制订、执行情况，火工材料消防、安全保卫等安全情况。爆破施工时有无施工方案和安全技术交底，爆破人员有无作业合格证等。

（4）检查起重机械和特种设备管理办法和相关操作规程制订实施情况，重要施工机械是否按计划进行了检修，有无使用许可证，安装、拆卸和操作人员是否持证上岗等。

（5）检查是否按要求开展危险源辨识和控制活动，安全交底与专项安全技术措施控制实施情况。

（6）检查工程建设期间各参建单位安全事故预防与应急管理体系建立情况，应急预案制订、演练、物资准备情况等。

（二）土建工程施工质量监督检查内容

1. 施工导流和水流控制工程

（1）导流方案。

1）施工各阶段导流流量、水位标准和水工模型试验报告，以及流量、水位对上下游的影响。

2）围堰和导流建筑物设计等级、结构形式。

（2）截流方案。

1）截流水工模型试验或论证报告。

2）截流方案和实施的技术措施。

3）截流前的检查验收报告。

（3）施工期度汛。

1）度汛标准与汛情预报。

2）安全度汛措施与条件。

3）联络与组织。

4）超标准洪水条件下的抢险措施。

（4）施工期通航。

1）通航条件与标准。

2）通航程序与组织。

3）应急避险措施与方案。

（5）导流建筑物。

1）导流建筑物实施情况、质量控制及检测。

2）监理对导流建筑物施工质量评定意见。

3）导流挡水建筑物的拆除与检查。

4）导流泄水建筑物的封堵与检查。

2. 土石方明挖工程

（1）开挖施工。

1）开挖顺序与组织。

2）开挖基本方法。

3）控制爆破措施。

4）控制爆破振动影响及防飞石措施。

5）合同要求的其他控制措施。

6）钻爆设计及爆破试验报告。

7）开挖断面复检及验收报告。

8）不良地质地段的处理。

9）基础开挖后坚固性检测结果。

10）危岩的处理与检查。

11）弃碴场布置与防护。

（2）边坡支护。

1）边坡支护的形式与施工方法。

2）边坡支护施工计划及实施情况。

3）边坡基础验收。

4）支护质量检测及验收。

5）排水设施的通畅性检测和检查验收。

（3）施工质量缺陷、事故与处理。

（4）监理对开挖、支护质量评定意见。

3. 地下洞室开挖工程

（1）开挖施工。

1）开挖顺序与组织。

2）开挖基本方法。

3）通风排水与开挖安全防护。

4）爆破设计及爆破试验报告。

5）对建筑物的减振要求和措施。

6）不良地质地段的处理。

7）开挖断面复检及验收。

（2）开挖支护。

1）围岩支护形式及施工措施。

2）支护质量检查验收。

3）不良地质洞段处理质量检查及验收。

（3）施工质量缺陷及事故处理。

（4）监理对开挖、支护质量评定意见。

4. 水工混凝土（水工特种混凝土）工程

（1）原材料。

1）水泥、活性掺合料、外加剂、钢筋、高强钢丝、钢绞线等材料出厂合格证、试验报告，工地复检报告。

2）粗细骨料的品质试验报告。

3）硅粉质量和工地复检报告。

4）钢纤维的品种、规格、性能、质量及复检报告。

5）其他特种混凝土所使用掺合料及新型材料的试验与鉴定报告。

（2）混凝土生产。

1）混凝土配合比设计与试验报告。

2）拌和设备、计量装置定期检查记录、拌和试验报告。

3）拌和楼混凝土拌制和运行、各种原材料称量误差检测记录。

4）拌和楼混凝土原材料、砂石料含水量、机口混凝土 *VC* 值、温度、坍落度等混凝土生产控制记录。

5）混凝土生产台班记录。

（3）混凝土浇筑准备。

1）模板、钢筋、锚杆、预埋件、止水排水设施、观测仪器安装等检查验收记录。

2）预应力锚杆、锚索荷载试验或无损检测的验收记录。

3）岩石基础、施工缝面处理验收记录。

4）混凝土浇筑方法及温度控制措施。

5）碾压混凝土的碾压试验报告。

6）硅粉混凝土、外掺氧化镁混凝土、钢纤维混凝土等特种混凝土的设备、拌和、工艺试验报告。

7）特殊部位混凝土浇筑的施工保证措施。

8）混凝土高、低温季节施工、雨季施工的技术保证措施。

9）浇筑通知单、开仓证。

（4）混凝土浇筑（碾压）施工。

1）混凝土层间处理、砂浆铺筑、浇筑层厚、浇筑方法施工记录。

2）混凝土的运输、摊铺、振捣、碾压、养护、仓面试块取样、仓面 *VC* 值、压实度、铺筑层间隔时间、浇筑温度、仓面积水等施工记录。

3）混凝土在雨季施工、高、低温季节施工措施及施工记录。

4）非正常情况处理记录。

5）改性混凝土强度、均质性等物理力学标准和施工工艺试验报告，现场施工记录。

6）碾压混凝土坝面防渗材料的性能鉴定证明、出厂合格证、施工工艺、质量检测记录。

7）硅粉混凝土、外掺氧化镁混凝土、钢纤维混凝土、水下混凝土、压浆混凝土、特种混凝土施工工艺控制措施及记录。

8）混凝土真空作业工艺、真空作业时间、真空度、吸出水量等记录。

9）水轮机蜗壳、平面钢衬底部等特殊部位混凝土施工工艺控制、空隙度检测及处理记录。

10）各种预埋件、观测仪器、钢筋等保护措施及记录。

（5）施工质量。

1）主要原材料复检情况表。

2）建筑物平面位置、高程、型体尺寸、重要部位外观平整度检测记录。

3）混凝土机口和仓面取样试验报告（包括抗压、抗拉、抗冻、抗渗、极限拉伸值等）。

4）混凝土碱总含量。

5）混凝土原位钻孔取芯及压水、无损检测试验报告。

6）监理对施工质量评定意见。

（6）质量缺陷、事故及处理。

1）原材料及混凝土物理力学指标低于设计要求的情况。

2）裂缝及表面缺陷情况。

3）层间结合情况。

4）密实度情况。

5）渗漏情况。

6）处理措施与效果。

5. 水工碾压混凝土工程

（1）原材料。

1）水泥、活性混合材、外加剂等材料合格证、试验报告、工地复检记录，存放保管情况。

2）拌和用水、粗细骨料品质试验报告。

（2）混凝土生产。

1）混凝土配合比设计和试验报告。

2）混凝土拌和设备、计量装置定期定检记录、拌和试验报告。

3）拌和楼混凝土拌制和运行各种原材料称量误差检测记录。

4）拌和楼混凝土原材料、砂石含水量、机口混凝土 *VC* 值、温度检测等混凝土生产质控记录。

（3）混凝土摊铺碾压试验。

1）混凝土运输、铺筑、造缝、层间处理工艺。

2）碾压机械现场性能检测试验报告。

3）混凝土摊铺碾压试验报告。

（4）混凝土碾压准备工作。

1）模板设计及安装。

2）止水铜片、PVC 止水带等止水材料合格证、新型止水材料的鉴定文件。

3）止水铜片、PVC 止水带接头试验报告和安装记录。

4）沥青井、沥青配合比试验报告、沥青井安装与灌注记录。

5）仓面清理施工记录。

6）浇筑通知单、开仓证。

（5）混凝土碾压施工。

1）混凝土层间处理及砂浆铺筑施工记录。

2）混凝土的运输、摊铺、碾压、养护、仓面 *VC* 值、压实度、铺筑层间隔时间、浇筑温度等施工记录。

3）改性混凝土强度、均质性等物理力学标准和施工工艺试验报告，现场施工记录。

4）混凝土高温及雨季施工措施与记录。

（6）坝面防渗。

1）坝面防渗用高分子喷涂材料性能鉴定证明、出厂合格证、浆液配比和喷涂工艺试验报告，涂层厚度、密实性等检测记录，现场施工记录。

2）坝面防渗用土工膜材料合格证、连接试验报告、防护措施、施工记录。

（7）施工质量。

1）混凝土建筑物平面位置、高程、型体尺寸、重要部位外观平整度检测记录。

2）混凝土机口取样试验报告，试验仪器定检记录。

3）混凝土原位钻孔取芯及压水试验检测试验报告。

4）监理对施工质量评定意见。

（8）质量缺陷、事故及处理。

1）原材料质量、骨料含水量等质量检测情况，混凝土物理力学指标低于设计要求的情况。

2）裂缝及表面缺陷情况。

3）层间结合情况。

4）密实度情况。

5）渗漏情况。

6）处理措施与效果。

6. 基础处理与灌浆工程

（1）原材料。

1）水泥、外加剂、化灌材料合格证、试验报告，灌浆用水、掺合料等当地材料品质试验报告。

2）浆液室内和现场试验报告。

3）浆液拌制记录、运输防热、防冻措施。

4）监理对原材料质量的评定意见。

（2）基础处理。

1）坝基及岸坡处理，防渗体与岸坡结合面处理措施施工记录。

2）坝基及岸坡地质构造处理措施及施工记录。

3）坝基及岸坡渗水，岩溶地区地下水处理及封闭措施，施工记录。

4）监理对施工质量评定意见。

（3）固结灌浆。

1）灌浆分序及施工方法。

2）灌浆钻孔、冲洗、压水、灌浆压力、浆液变换结束封孔各工序施工记录，抬动监测及串冒浆记录，综合统计表及分析报告。

3）检查孔压水试验成果和岩体固结灌浆前后波速、弹模提高值及单项验收记录、监理评定意见。

（4）帷幕灌浆。

1）灌浆分序施工方法。

2）灌浆试验报告。

3）先导孔各工序施工记录，芯样柱状图及分析意见，施工小结。

4）灌浆钻孔、冲洗、压水、灌浆压力、浆液变换结束封孔各工序施工记录、抬动监测记录。施工非正常工况处理记录。

5）灌浆孔孔位孔深孔斜检测及验收记录、检查孔布置及压水试验报告。

6）灌浆综合统计表及分析报告、单项验收记录与监理评定意见。

（5）接缝与接触灌浆。

1）接缝、接触灌浆灌区划分，施工方法。

2）接缝开度、灌区坝体混凝土温度检查记录，灌区密封、管路畅通检查和处理记录。

3）灌浆压力控制、浆液变级、结束闭浆等各工序施工记录，非正常工况处理记录。

4）灌浆综合统计表及分析报告、单项工程验收记录，监理评定意见。

（6）钢衬接触灌浆。

1）钢衬接触灌浆孔布置和脱空区范围检查记录。

2）灌前缝隙畅通性检查、缝面排水排污记录。

3）灌浆压力控制、钢衬变形监测、灌浆结束灌浆孔堵焊施工记录。

4）灌浆效果检查、验收意见。

（7）回填灌浆。

1）灌浆分区分序及施工方法。

2）混凝土衬砌厚度及脱空区检查记录、灌浆造孔、灌浆压力控制、浆液配比、结束封孔各工序施工及非正常工况处理记录和变形监测记录。

3）检查孔压浆试验记录，其他方法检查记录。

4）灌浆综合统计表及分析报告、单项验收和监理评定意见。

7. 软基防渗与加固

（1）混凝土防渗墙工程。

1）水泥、掺合料、外加剂、钢筋等材料合格证、试验报告，拌和用水、粗细骨料、固壁浆材品质试验报告。

2）混凝土防渗墙施工方法。

3）墙体混凝土配合比试验报告。

4）混凝土防渗墙造孔、清孔、换浆、混凝土浇筑施工记录，工序检查验收记录，混凝土开仓证，混凝土试件、钢筋接头试验报告，钻孔取芯、压水试验等检查检测报告。

5）特殊情况处理措施说明，施工质量问题处理措施及效果检测。

6）综合统计表及分析报告，单项验收记录和监理评定意见。

（2）高压喷射注浆防渗墙。

1）高压喷射注浆防渗墙施工方法及工艺试验报告。

2）喷射注浆施工记录、异常情况处理措施。

3）高压喷射注浆过程控制施工记录及验收签证，墙体检测试验成果。

4）单项验收记录及监理评定意见。

（3）土工膜防渗墙。

1）土工膜材料合格证，品质试验报告。

2）土工膜防渗墙施工工艺。

3）土工膜连接强度和抗渗效果试验报告。

4）土工膜铺设施工记录。

5）单项验收记录与监理评定意见。

（4）基础振冲加固工程。

1）基础振冲加固现场试验报告。

2）施工过程密实度、填料量、留振时间等各工序施工记录。

3）荷载试验，标准贯入，静、动力触探检测报告。

4）单项验收记录和监理评定意见。

（5）地基强夯加固。

1）地基强夯加固现场试夯报告。

2）强夯夯击次数等施工记录。

3）荷载试验、土工试验检测成果。

4）单项验收记录及监理评定意见。

（6）混凝土灌注桩工程。

1）混凝土灌注桩施工工艺。

2）灌注桩成孔、清孔、下钢筋笼、灌注混凝土各工序施工检查验收记录。

3）灌注桩平面位置、桩顶高程、垂直度，混凝土试件、钢筋接头试验报告，静荷载试验、贯入度检测记录，检查孔钻孔取芯检查试验报告。

4）施工质量问题处理记录及效果检测。

5）单项验收及监理评定意见。

（7）防渗铺盖工程。

1）铺盖土料土工试验报告，土工膜材料合格证及试验验收报告。

2）黏土铺盖铺筑工艺、密实度和厚度控制措施及施工记录。

3）土工膜防渗铺盖铺设工艺、膜间连接、周边连接、防穿破措施及施工记录。

4）黏土铺盖反滤层铺设、黏土防渗体铺筑和防冲保护层各工序检查验收记录。

5）土工膜垫层、土工膜及保护层各工序检查验收记录。

6）施工质量问题处理报告。

7）单项验收记录及监理评定意见。

8. 土石方（坝）填筑工程

（1）填筑料开采、加工及运输。

1）料场规划与坝料开采方法。

2）料场剥离与弃碴堆放及防护。

3）坝料开采质量检测试验成果综合统计表及巡查记录。

4）坝料加工、制备措施、工艺及检测试验成果综合统计表。

5）坝料质量评定意见。

（2）坝基及岸坡处理。

1）坝基及岸坡开挖清基验收记录。

2）防渗体与岩基及岸坡结合区开挖验收记录。

3）坝基及岸坡地质构造处理验收记录。

4）坝基及岸坡渗水处理验收记录。

5）坝基（软基）加固处理措施、验收记录。

6）单项验收报告，监理评定意见。

（3）土石坝防渗体工程。

1）土质防渗体。

a. 上坝土料的黏粒含量、含水量等检验试验报告及综合统计表。

b. 土质防渗体碾压试验报告。

c. 上坝土料卸料及铺筑方法，雨季、冬季施工措施及实施情况记录。

d. 基槽，岸坡、结构边角处填土压实质量检查验收记录。

e. 防渗体铺筑碾压施工记录及质量检测试验报告。

f. 接合坡面填土质量取样检验资料。

g. 施工质量问题处理报告。

h. 碾压质量综合统计表、单项验收报告及监理评定意见。

2）混凝土面板防渗体。

a. 趾板基础、垫层、防护层基面清理质量验收记录。

b. 滑模设计制作及安装、滑模试运行记录。

c. 止水及表面嵌缝材料合格证及检测试验报告。

d. 止水及伸缩缝的结构施工检查验收记录。

e. 混凝土原材料出厂证明及检测试验报告，砂石骨料品质检测试验报告，混凝土配合比设计和试验报告。

f. 混凝土浇筑仓面验收、开仓证及施工记录。

g. 混凝土温控、保护、养护实施情况记录。

h. 混凝土机口及现场坍落度、温度等检测报告，混凝土机口及现场取样检测报告。

i. 面板（趾板）结构尺寸，表面平整度检测报告，裂缝及其他缺陷检查报告与处理措施。

j. 监理评定意见，单项工程验收报告。

3）沥青混凝土心墙防渗体。

a. 沥青混凝土所用的沥青、涂料、填料、掺料等原材料出厂合格证、原材料试验报告。

b. 沥青混凝土制备工艺、生产能力、施工配合比、投料顺序、原材料加热、拌和时间、出机口和碾压温度等施工记录。

c. 沥青混凝土心墙与基础接合面、沥青混凝土层面处理质量检查记录。

d. 心墙沥青混凝土摊铺厚度、碾压遍数、碾压后沥青混凝土表面平整度、返油、碾压后心墙厚度等施工记录。

e. 稀释沥青、乳化沥青、沥青胶或橡胶沥青配料比例、涂抹厚度、与混凝土贴服的施工记录。

f. 施工质量问题处理报告。

g. 监理对施工质量评定意见，单项验收报告。

4）沥青混凝土面板防渗体。

a. 整平层（含排水层）、防渗层、封闭层所用的沥青、矿料及乳化沥青材料出厂合格证和试验报告。

b. 整平层、防渗层、封闭层沥青混合料的原材料配合比设计及施工记录。

c. 整平层（含排水层）、防渗层沥青混凝土铺筑工艺、铺筑层厚度、平整度、渗透系数、孔隙率等施工记录、试验报告。

d. 防渗层铺筑工序，各铺筑层间的坡向、水平接缝、表面裂缝等检查记录。

e. 封闭层铺沫工序、表面平整度、沥青胶软化点，施工温度检查记录。

f. 面板与刚性建筑物连接所用沥青砂浆（或细粉沥青混凝土），橡胶沥青胶（或沥青胶）、玻璃丝布等原材料配合比、配制试验报告及施工记录。

g. 刚性建筑物连接面处理、楔形体的浇筑、滑动层与加强层的敷设现场铺筑试验记录。

h. 刚性建筑物表面橡胶沥青滑动层喷涂的乳化沥青干燥情况，铺筑沥青混凝土防渗层、滑动层与楔形体冷凝情况检查记录。

i. 施工质量问题处理报告。

j. 监理评定意见，单项验收报告。

（4）坝体填筑工程。

1）砂砾坝体填筑。

a. 砂砾料的颗粒级配、砾石含量、含泥量等检测报告及综合统计表。

b. 砂砾料填筑碾压试验报告。

c. 砂砾料每层填筑、纵横向接合部、与岸坡接合处及边角、断面边缘填筑压实施工记录、检测报告及综合统计表。

d. 砂砾坝体填筑断面尺寸检测记录。

e. 监理评定意见，单项验收报告。

2）堆石坝体填筑。

a. 堆石料岩性、颗粒级配、含泥量、含水量、加水量等检测报告及综合统计表。

b. 坝体堆石填筑碾压试验报告。

c. 坝体各区每层填筑、纵横向接合部、与岸坡、混凝土建筑物接合部及边角填筑压实施工记录与检测报告及综合统计表。

d. 堆石坝体填筑断面尺寸检测记录。

e. 监理评定意见，单项验收报告。

（5）细部工程。

1）反滤工程。

a. 反滤工程的基面（含前一填筑层）处理施工记录。

b. 反滤料的粒径、级配、坚硬度、抗渗性和渗透系数等施工记录和试验报告、试验综合统计表。

c. 反滤料的碾压试验报告。

d. 反滤层的结构层次、层间系数、铺筑位置和厚度等施工记录。

e. 反滤层的施工顺序和含水量、分段施工接缝处的各层联结质量检查记录。

f. 反滤工程干密度合格率试验、综合统计表及试验报告。

g. 施工质量问题处理报告。

h. 单项验收报告，监理评定意见。

2）垫层工程。

a. 垫层料碾压试验报告。

b. 垫层料岩性、级配、粉粒含量、含水量试验报告。

c. 垫层每一填筑层铺筑厚度、洒水量、碾压参数等质量控制施工记录、验收合格证，检测试验报告及综合统计表。

d. 垫层坡面削坡碾压及防护处理施工和验收记录。

e. 施工质量问题处理报告。

f. 单项验收报告，监理评定意见。

3）护坡工程。

a. 护坡材料试验报告。

b. 浆砌石、干砌石、摆石、抛石护坡施工记录。

c. 护坡工程断面尺寸，基础埋置深度，砌筑质量，坡度，表面平整度检测验收记录。

d. 单项验收记录，监理评定意见。

4）排水工程。

a. 排水设施的布置位置、断面尺寸、排水施工所用石料品质、尺寸等施工记录。

b. 排水施工的基底夯实或处理，滤孔和接头部位反滤层、减压井、排水管、排水带、坝体排水管接头及防渗漏措施施工记录及验收资料。

c. 减压井钻孔、井管安装、回填洗井和井口保护施工验收资料。

d. 排水设施的堆石或砌石施工记录及验收资料。

e. 单项验收报告，监理评定意见。

9. 砌体工程

（1）砌体原材料。

1）水泥砌浆标号及相应配合比检查记录与试验报告。

2）石料规格、质量，石料表面泥垢、油渍等污物冲洗、表面湿润等情况检查记录。

（2）浆砌石砌体工程。

1）浆砌石体每一层砌体表面，浮渣清除、冲洗，局部光滑面凿毛等检查验收记录。

2）水泥砂浆铺浆、灌浆、塞缝、插捣等工序检测记录。

3）砌石体密度、孔隙率、砂浆沉入度、砌体表面砌缝宽度，建筑物轮廓尺寸等检查验收记录。

4）单项验收报告，监理评定意见。

10. 原型观测

（1）仪器设备的采购与验收。

1）仪器设备供应商的信誉及能力证明，监理批准的采购合同。

2）各种仪器设备的出厂合格证，检验证书与应有的技术资料，进场验收报告。

（2）仪器设备埋设安装。

1）监理批准的仪器设备埋设安装规程（含施工组织设计）。

2）仪器设备埋设安装的成活率。

3）埋设安装后的基准值测量成果、埋设安装相关记录、竣工报告（含竣工图）及检查验收记录。

4）工程蓄水前大坝、进水口等重要部位监测设施安装完成、蓄水前初始测值获取情况。

（3）仪器设备率定与测试。

1）监理审批的率定与测试的规程。

2）率定与测试报告。

（4）施工期观测。

1）监理审批的观测技术规程与监理人的指示意见。

2）原始观测资料的检查、校核、存档文件。

3）异常观测值的复测、分析记录。

4）观测资料的计算成果及效应量图表。

5）器设备运行巡视检查记录。

（5）资料整理。

1）按周、月、季、年资料整理的图表及文字说明。

2）施工各阶段资料分析报告及对工程安全施工与安全运行的评估意见。

3）观测系统的合理性及运行稳定性评估报告。

（三）金属结构制造、安装质量监督检查内容

1. 制造安装的一般技术资料

（1）制造、安装单位资质、生产许可证。

（2）主要材料（主要钢材、焊接材料、防腐材料等）出厂质量证明书或质量复验资料。

（3）焊接工艺评定报告、制造工艺文件、安装技术措施。

（4）抽检从事金属结构一、二类焊缝焊接的焊工考试合格证和从事无损检测人员的资格证。

（5）金属结构焊缝质量检验（焊缝的外观检查和焊缝内部缺陷探伤检测）报告和焊缝消除应力措施报告。

（6）大型铸、锻件的探伤检验和热处理报告。

（7）对焊缝返修、不合格品或重大缺陷的处理记录或报告。

（8）高强度螺栓的检测记录。

(9) 金属结构防腐处理检查报告。

(10) 法定计量部门对量具和仪器鉴定证书，安装用控制点位置图。

(11) 各阶段的验收鉴定书及主要设备出厂验收报告。

2. 钢闸门（包括平板门、弧形门、人字门、拦污栅）

(1) 钢闸门的制造。

1) 钢闸门和埋件出厂组装检测记录。

2) 一、二类焊缝质量检测记录。

3) 防腐处理检测记录。

4) 制造质量合格证。

5) 钢闸门和埋件包装、运输和保管的防损措施抽查。

(2) 钢闸门的安装。

1) 钢闸门和埋件安装质量检测记录。

2) 埋件二期混凝土浇筑防变形措施与变形监测检查记录。

3) 抽水蓄能电站拦污栅防振措施检查。

4) 钢闸门试验。

a. 平面钢闸门静平衡试验记录。

b. 各类钢闸门无水或静水全行程启闭试验记录。

c. 闸门的动水（快速）关闭试验记录。

d. 共门（栅）槽或多门（栅）槽闸门的槽内升降试验记录。

e. 闸门漏水量和振动检测记录。

f. 门井密封盖板的耐压和止水检查记录。

5) 监理对闸门及埋件安装质量的评定意见。

3. 压力钢管（包括明管、埋管、岔管、伸缩节等）

(1) 压力钢管制作。

1) 原材料抽检记录（包括化学成分和机械性能）。

2) 压力钢管各类管节制作形位尺寸检测记录。

3) 焊缝无损检测记录。

(2) 压力钢管安装。

1) 埋管安装检查。

a. 管口中心、里程、圆度检测记录。

b. 管壁局部凹坑处理、临时构件拆除、焊缝表面清理的检查。

c. 管壁的防腐处理及灌浆孔堵焊的检查。

2) 明管安装检查。

a. 管口中心、里程、圆度检测记录。

b. 管壁局部凹坑处理、临时构件拆除、焊缝表面清理，管壁防腐处理的检查。

c. 支座安装及偏差的检测记录。

d. 水压试验记录（设计有要求时）。

3）焊缝质量和应力消除检查。

a. 钢管制造和安装焊缝无损检测记录。

b. 当设计有要求时，提供高强钢管焊缝应力消除措施和应力消除效果相关报告。

4）灌浆质量检查的记录。

5）压力钢管充水试验检查记录。

6）监理对压力钢管制作、安装质量评定意见。

（3）钢岔管安装。

1）岔管拼装形位尺寸检测记录。

2）焊缝无损检测记录。

3）应力消除措施及应力消除前、后检测结果。

4. 启闭机

（1）固定卷扬式启闭机。

1）固定卷扬式启闭机制造。

a. 启闭机零部件包括机架、钢丝绳、滑轮、卷筒、联轴器、制动装置、齿轮与减速器、各类轴承等材质和制造加工检测记录。

b. 出厂前传动机构组装、整体组装记录及试验报告。

c. 高度指示器和负荷指示器等检验报告。

2）固定卷扬启闭机安装。

a. 启闭机安装中心、高程检查。

b. 缠绕在卷筒上的钢丝绳长度检查。

c. 双吊点启闭机吊距及两吊轴中心线的水平检查。

d. 转动装置及制动装置检查。

e. 各项机械、电气设备（或部件）以及安全保护装置的安装检测资料。

3）与闸门连接前无负荷试验记录。

4）闸门无水压、设计有要求时进行有水压全行程启闭试验的资料。

5）设计水头工况下或合同要求条件下快速闸门动水关闭试验资料。

（2）移动门式启闭机（含桥式起重机、门式起重机）。

1）移动式启闭机制造。

a. 箱形梁、工字梁等板梁结构检测记录及焊缝无损检测记录。

b. 启闭机零部件包括车轮、滑轮、钢丝绳、卷筒、联轴器、制动装置、齿轮与减速器、各类轴承等材质和制造加工检测记录。

c. 出厂前桥架、门架组装记录，传动机构组装记录及试验报告。

d. 高度指示器和负荷指示器等检验报告。

2）移动式启闭机安装。

a. 轨道铺设检测资料。

b. 门（桥）架安装检测资料。

c. 起升机构、大车行走机构、小车行走机、夹轨器、各项电气设备安装及安全保护装置检测资料。

3）移动式启闭机负荷试验。

a. 静荷载、动荷载试验资料。

b. 有关部门颁发的使用许可证。

（3）液压启闭机。

1）液压启闭机制造。

a. 启闭机油缸、活塞、活塞杆、导向套、密封材料的材质检验记录和各部件装配尺寸检测记录。

b. 启闭机组装后空载试验、最低动作压力试验、耐压试验、外泄漏试验、内泄漏试验等试验报告。

2）液压启闭机安装的检查。

a. 机架安装检测记录。

b. 活塞杆垂直度检测记录。

c. 液压缸、阀组、液压系统管路的耐压与渗漏试验资料。

d. 液压启闭机机电联调的试验资料。

e. 两油缸同步特性调试资料。

f. 油缸及液压系统的闸门自重下落闭锁试验资料。

g. 油质检验资料。

（4）各类启闭机设备性能、运行状况及设备消缺处理检查。

（5）监理对启闭机制造、安装、试验及运行质量评定。

5. 水库下闸蓄水质量监督要点

（1）与下闸蓄水相关设备（进水口闸门、泄洪闸门、溢流闸门、导流闸门、机组尾水检修闸门及其启闭机等）安装完成，检测数据全部合格，通过验收。

（2）与下闸蓄水相关闸门已（或已具备条件）下闸封堵，并通过各种手段检查闸门封堵严密，必要时可采取临时封堵措施。各种封堵措施必须安全可靠。

（3）厂房内排水设施安装完成，可投入运行。必要时增设临时排水设施。排水设施供电电源可靠。

（4）提供下游生态流量的闸门及启闭机，以及在紧急情况下须降低蓄水水位的闸门及启闭机已经过多次起落试验，运行安全可靠。供电电源可靠。

6. 首台机组启动质量监督要点

（1）进水口检修闸门和工作闸门安装完成，检测数据全部合格，通过验收。

（2）进水口工作闸门及启闭机已完成无水启闭试验，引水系统充水后完成静水下的启闭试验，各项检测数据满足规范和设计要求。

（3）设有快速闸门的电站，在静水条件下完成闸门快速关闭试验，快速下降时间在设计规定范围内。

（4）机组尾水检修闸门及启闭机或尾水门机安装完成，监测数据全部合格，通过验收。

（5）首台机组压力钢管安装全部完成，各项检测数据合格，具备充水条件。

（6）与首台机组启动有关的其他金属结构设备的安装、调试检测数据合格，满足首台机组启动条件。

7. 工程竣工质量监督要点

（1）电站金属结构设备安装全部完成，各项检测数据合格，已通过验收。

（2）闸门和启闭机试验。

1）移动式启闭机完成负荷试验，取得相关部门颁发的使用许可证。

2）完成快速闸门动水关闭试验（可任选 1 扇），动水关闭过程正常，关闭时间满足设计要求。

3）弧形工作闸门在动水情况下启闭正常，无明显振动。条件具备时完成额定水头下动水启闭试验，各项检测数据满足设计和规范要求。

（3）金属结构设备运行。

1）各闸门渗漏水量在规范允许范围内。

2）各启闭机运行正常，安全装置（高度指示器、负荷指示器、限位装置、制动装置等）动作正确可靠。

3）压力钢管、钢岔管、伸缩节等运行正常，放空检查无异常情况。

4）所有启闭设备已由永久供电方式供电。

（四）机电安装工程质量监督检查内容

1. 机电设备制造

（1）设备制造厂（含主要外协、分包厂）资质，机组、主变压器、500kV GIS、500kV 高压电缆及其他主要机电产品设备合同、图纸、技术资料以及产品出厂合格证，产品检测和出厂试验记录。

（2）水轮机模型验收试验报告，轴流转浆式和灯泡贯流式机组导叶与浆叶协联关系报告。

（3）主要材料（铸锻件及钢材、硅钢片、有色金属材料、焊接材料、标准件及非标准协作件）及主要外购、外协件出厂质量证明。

（4）主要受力部件焊接质量无损检测报告。

（5）主要设备部件厂内组装检测报告，包括导水机构组装、转轮组装、机架组装、发电机与水轮机主轴连接法兰同心度检测报告等。

（6）主要机电设备包装、运输及保管抽查。

（7）设备监造单位、设备监造总结、制造过程中重大质量问题处理意见与处理结果。

2. 水轮发电机组（抽水蓄能机组）及附属设备安装

（1）机组及附属设备安装技术要求。

1）机组及附属设备的安装工艺及施工措施（重点为桥式起重机安装及荷载试验；水轮机金属蜗壳安装、焊接；混流式水轮机转轮现场焊接；水轮发电机定子、转子现场装配以及机组总装等项目）。

2）水轮机金属蜗壳、混流式水轮机分瓣转轮焊接质量检查。

a. 焊接工艺评定报告及焊接工艺规程。

b. 焊工考试合格证及无损检验人员资格证书。

c. 焊缝检验及缺陷处理，焊缝消除应力措施。

（2）水轮机（水泵水轮机）安装。

1）水轮机埋件。

a. 水轮机埋件（尾水管、基础环、转轮室、蜗壳、座环、机坑里衬、前锥体及接力器基础等）安装检查记录。

b. 水轮机埋件在混凝土浇注过程中防变形措施和变形监测记录。

c. 水轮机蜗壳水压试验记录（设计或合同有此要求时）。

2）水轮机转轮。

a. 转轮控制、配合尺寸检查记录。

b. 转轮安装检查（圆度、同轴度、安装高程及各部间隙）记录。

c. 转轮静平衡试验记录，转轮残余应力测试记录。

d. 轴流转桨式、灯泡贯流式水轮机转轮受油器系统的耐压及操作试验记录。

e. 冲击式水轮机安装及试验记录。

3）导水机构。

a. 导水机构组装质量检查及导叶端面、立面间隙检查记录。

b. 如设有筒形阀则应参与导水机构预装与安装，检查筒形阀圆度、同心度、垂直度及与导水机构调整配合检测记录。

c. 水泵水轮机如采用单导接力器，检查导叶单独动作灵活性和整体操作同步性；如采用非同步导叶，检查双缸接力器导水机构与非同步导叶检测记录。

d. 接力器的组装质量及严密性耐压试验、接力器压紧行程检查记录。

e. 冲击式水轮机配水环管安装焊接记录、喷嘴安装调整记录等。

4）转轮、顶盖、底环安装。

a. 转轮上、下止漏环圆度和间隙检测记录。

b. 转轮与主轴连接后的垂直度、转轮安装高程与水平检测记录。

c. 与主轴连接螺栓拉伸值检测记录。

d. 筒阀安装后与顶盖组、底环合面、同轴度及筒体上下密封等检测记录。

5）水导轴承及主轴密封。

a. 水导轴瓦、主轴密封及检修密封的间隙检查记录。

b. 轴承油槽渗漏、轴承冷却器耐压及检修密封充气试验记录。

（3）水轮发电机（发电/电动机）安装。

1）上、下机架安装（机架中心、水平及高程）检查记录。

2）定子组装。

a. 定子铁芯叠装：定子铁芯内径、圆度、高度、波浪度等检查记录，磁化试验记录。

b. 定子绕组安装：绕组安装及电气试验报告。

3）转子组装。

a. 转子支架组装、焊接质量检查记录。

b. 磁轭叠装；磁轭外径、圆度、高度、波浪度等检查记录。

c. 磁极挂装：磁极挂装后转子圆度、外径及磁极中心高程等检查记录。

d. 制动闸板装配及制动闸板间隙检查记录。

4）推力轴承及导轴承安装。

a. 推力轴瓦及导轴瓦检查记录。

b. 推力轴瓦受力调整或弹性油箱受力（压缩量）调整检查记录。

c. 高压油顶起装置压力、行程及单向阀试验记录。

d. 轴承油槽、油槽冷却器渗漏试验记录。

e. 灯泡贯流式机组正、反推力镜板与主轴的垂直度、轴瓦间隙、下导轴瓦与轴颈的接触角与接触点检查记录。

f. 轴承对地绝缘检查记录。

5）机组总体安装。

a. 机组盘车轴线调整记录。

b. 灯泡贯流式机组的整体严密性及发电机基础支撑调整检查记录。

c. 定子与转子空气间隙检查记录。

6）发电机电气部分安装和试验。

a. 定子线圈安装检查记录。

b. 转子磁极接头安装检查记录。

c. 发电机测温装置安装检查记录。

d. 定子、转子的绝缘电阻测量及交流耐压试验记录。

（4）进水阀（蝴蝶阀、球阀、圆筒阀）及附属设备安装。

1）阀体中心、水平度、垂直度检查记录。

2）蝶阀、球阀活门关闭间隙，圆筒阀阀体上、下密封检查记录。

3）接力器水平度或垂直度检查记录。

4）无水动作试验及操作系统严密性试验。

5）静水动作及严密性试验记录。

6）动水关闭试验记录（设计或合同有此要求时）。

（5）调速系统的安装与调试。

1）油压装置安装与调试。

a. 压力罐耐压试验记录及安全阀校验报告。

b. 油压装置的压力整定及严密性试验记录。

c. 油泵及电动机中心调整及油泵试运转记录。

2）调速器安装与调试。

a. 调速器安装和调试记录。

b. 调速系统的整体调试和模拟试验记录。

c. 机组启动调试阶段调速系统各项调节指标调试记录与分析。

3. 电气设备安装

（1）电气主结线设计审批意见。

（2）电气设备安装工艺及施工措施。

（3）主变压器。

1）变压器本体到货后箱体内充气压力和冲撞记录仪数据检查。

2）变压器的器身检查记录。

3）变压器排氮、干燥、充油及整体密封性检查记录。

4）变压器本体及附件安装和接地检查记录。

5）变压器检测记录。

a. 出厂验收检测试验记录。

b. 型式试验记录。

c. 现场检测试验记录（常规试验、耐压试验、局放试验、绕组变形试验等）。

d. 绝缘油试验记录。

e. 瓦斯继电器整定试验记录。

f. 防爆装置的爆破压力试验记录。

g. 冲击合闸试验记录。

（4）发电电压设备。

1）发电机断路器（SF_6断路器、少油断路器、真空断路器）。

a. 断路器安装及接地检查。

b. 断路器检测试验（交流耐压、密封性试验、分合闸时间、绝缘电阻测量等）及操作试验记录。

2）母线装置（敞露式、封闭式母线）。

a. 母线安装及接地检查。

b. 母线绝缘子检测试验（交流耐压、绝缘电阻测量）记录。

c. 封闭母线焊接质量检查、密封性试验检查及交流耐压试验。

3）成套开关柜。

a. 柜内电气设备安装及接地检查。

b. 柜内设备检测试验（交流耐压、绝缘电阻测量）及操作试验记录。

4）变频启动装置（抽水蓄能机组专用设备）。

a. 装置安装及接地检查。

b. 装置检测试验记录。

5）其他电气设备（互感器、干式电抗器、高压开关柜等）。

a. 设备安装及接地检查。

b. 设备检测试验记录。

（5）高压开关设备。

1）高压断路器（SF_6及油断路器）。

a. 断路器的安装和接地检查记录。

b. SF_6气体充注和检验（气体压力、泄漏率及含水量）记录。

c. 断路器检测试验（各部电阻、绝缘电阻、介损正切值测量、交流耐压）及操作试验记录。

2）GIS。

a. GIS 安装及接地检查。

b. SF_6气体充注及检验记录。

c. 交流耐压、密封性试验以及操作试验记录。

3）500kV 高压电缆。

a. 电缆支架、电缆敷设和电缆固定、终端头制作检查检测记录。

b. 电缆过电压保护装置和接地装置检查。

c. 主绝缘交流耐压试验和金属屏蔽层直流耐压试验报告。

4）隔离开关。

a. 开关安装及接地检查记录。

b. 开关交流耐压试验及动作试验记录。

5）厂坝区馈电线路。

a. 电杆组立、导线架设及杆上电器安装检查。

b. 线路、绝缘子及杆塔的检测试验（绝缘电阻、接地电阻、相位）及冲击合闸试验记录。

（6）厂用电设备。

1）厂用电系统供电可靠性检查。

2）厂用变压器（油浸式、干式变压器）。

a. 变压器器身检查记录。

b. 变压器本体及附件安装检查记录。

c. 变压器检测试验记录。

3）低压配电装置。

a. 低压配电装置及电器的安装及接地检查。

b. 低压配电装置的动作试验记录。

（7）电气照明装置。

1）照明配线、配电箱、灯器具安装检查记录。

2）事故照明切换装置及专门标志的安装检查和切换试验。

（8）电缆敷设。

1）电力电缆和控制电缆敷设检查记录。

2）电力电缆电气试验记录。

3）电缆敷设外观工艺及防火阻燃检查。

（9）保护网装置。

1）保护网制作、基础埋设及安装检查。

2）保护网与被保护配电装置安全距离的检查。

（10）过电压保护及电站接地装置。

1）避雷针、避雷器安装检查和检测试验记录。

2）发电机中性点、主变压器中性点及全厂接地网系统安装检查。

3）接地电阻、接触电压和跨步电压值测试记录。

（11）静止整流励磁系统。

1）静止整流励磁系统安装检查记录。

2）励磁系统出厂试验和现场空载试验以及负载调试、灭磁试验记录与分析。

（12）计算机监控系统。

1）计算机监控系统电源、接地及屏蔽可靠性检查。

2）计算机监控系统整体调试及模拟试验记录。

3）计算机监控系统抗干扰可靠性检查。

（13）继电保护装置。

1）继电保护装置的安装检查。

2）各继电保护装置的定值测试记录。

3）继电保护装置模拟试验和操作联动试验记录。

4）继电保护装置抗干扰可靠性检查。

（14）直流系统。直流系统设备（蓄电池、直流屏、充电设备）安装和运行检查。

（15）通信系统（微波、光纤、载波、程控及移动通信）。

1）微波、光纤、程控电话及电力载波设备安装检查记录。

2）通信系统抗干扰可靠性检查。

3）通信系统运行检查（畅通率、可用度）记录。

（16）水情测报系统。

1）测报系统通信组网和设备安装检查。

2）测报系统运行检查（畅通率、可用度以及洪水预报平均准确率）记录。

4. 电站公用系统（全厂油、气、水、通风、消防系统）

（1）管路焊接及无损探伤检查记录。

（2）各项设备的空载、带负荷试验记录。

（3）各项容器耐压、严密性试验记录。

（4）各系统管路、闸阀通路、耐压、严密性试验记录。

（5）汽轮机油、绝缘油油质检验记录。

（6）全厂消防系统安装和试验检查。

（7）全厂火灾报警系统安装和试验检查。

（8）全厂渗漏排水、机组检修排水及顶盖排水系统的设备及自动控外系统安装运行检查。

（9）全厂通风、空调及事故排烟系统安装、运行检查。

5. 机组启动试验

（1）机组充水试验及检查。

（2）机组启动试运行程序及计划检查。

（3）机组空载试验、短路试验、升压试验、主变压器冲击试验、机组带负荷及甩负荷试验、72h 试运行等试验记录。

（4）机组停机消缺处理检查。

（5）机组启动试运行试验报告及机组启动验收鉴定书检查。

6. 监理对机电设备质量评价

监理对机组、主变压器、高压设备及全厂机电设备制造、安装、试验及试运行的质量评价。

7. 电站下闸蓄水质量监督要点

（1）与下闸蓄水相关的压力钢管排水阀、蜗壳排水阀及其相关管路安装完成，能有效排除来自引水系统的渗漏水。

（2）相关机组尾水管盘形阀安装完成，能有效排除来自尾水系统的渗漏水。

（3）渗漏集水井、检修集水井完成，渗漏排水泵、检修排水泵及其管路安装完成能投入运行，能有效排除来自引水系统和尾水系统的漏水。

（4）上述条件不具备时应设置临时排水系统，临时排水系统容量足够，运行可靠。临时排水系统电源可靠。

8. 首台机组启动质量监督要点

（1）主机设备安装质量检查。主要项目为座环、蜗壳和发电机受力部件焊接质量检查；导水机构端面和立面间隙检查；转轮安装中心、水平、高程检查及止漏环间隙检测；定子、转子组装检查及交流耐压试验检查；上、下机架安装检查；机组轴线检查和定子、转子空气间隙检查等。

（2）辅助设备和公用设备安装质量检查。与首台机组启动相关辅助设备和公用设备已安装完成，包括技术供水系统、排水系统、气系统及水力量测系统等。以上系统经调试具备机组启动条件。

（3）电气设备安装质量检查。与首台机组启动相关电气设备已安装完成，常规试验和高压试验通过。GIS 气体检测和耐压试验通过、高压电缆耐压试验通过，主变压器耐压试验、局放试验、绕组变形试验通过；封闭母线和启动母线（抽水蓄能机组）耐压试验通过，发电机断路器及其他电气设备常规试验通过；厂用交、直流系统带电运行（或具备带电运行条件），具备设备调试和机组启动条件。

（4）电气设备调试。监控系统、调速系统、励磁系统、继电保护、启动变频器（抽水蓄能机组）等无水调试基本完成，具备机组启动条件。

（5）进水阀调试及引水系统封堵情况检查。首台机组进水阀无水调试、静水调试完成，具备机组启动条件。引水系统如为一洞双机，则相邻机组引水压力支管已可靠封堵。

（6）厂用电源可靠性检查。机组启动前厂用交流须有两路独立电源供电。

（7）电站接地参数检查。电站接地电阻、跨步电势、接触电势实测值满足设计要求。

（8）消防系统检查。消防水源可靠性检查、气体灭火装置安装调试检查、主变压器水喷雾装置喷雾检查、发电机灭火装置安装调试检查、火灾报警系统安装调试检查、防火封堵检查等。

9. 工程竣工质量监督要点

（1）电站所有机电设备包括厂区和坝区均已安装完成并投入正常运行。

（2）设备制造和设备安装中出现的主要质量问题已消除，个别遗留问题不影响设备安全运行和设备性能指标。

（3）各台机组及主要机电设备安装完成后主要监测数据符合设计和规范要求：水轮机和发电机重要部位间隙（止漏环间隙、转子与定子空气间隙、各轴承间隙等）；机组轴线调整；蜗壳、座环、机架等受力部件焊接质量；蜗壳水压试验；定子耐压试验；主变压器耐压试验、局放试验；GIS 耐压试验；高压电缆交、直流耐压试验等。

（4）机组启动试验结果满足设计和规范要求：主要包括动平衡试验、过速试验、甩负荷试验、低油压事故停机试验、进水阀或筒形阀动水关闭试验等。抽水蓄能机组还应包括水泵工况启动试验、水泵工况甩负荷试验以及各种工况转换试验等。

（5）主设备运行参数满足制造厂和规范要求：机组温度、振动、摆度；主变压器运行温度；高压电缆运行温度等。

（6）机组辅助设备、全厂公用设备、电气一次及二次设备运行正常，满足电站安全运行要求。

（7）机电设备在运行中出现的问题经过设备检查、维护、检修和预防性试验等已经消除，不存在安全隐患。

（8）电站消防系统已通过专项验收。

思考与练习

1. 何时开始质量监督申请？如何申请？
2. 抽水蓄能电站工程质量监督巡视资料准备包括哪些内容？
3. 土石方明挖工程中开挖施工中检查内容有哪些？

参 考 文 献

[1] GB/T 19000 质量管理体系基础和术语
[2] GB 50086 锚杆混凝土支护技术规范
[3] GB 50168 电气装置安装工程电缆线路施工及验收规范
[4] GB 50171 电气装置安装工程　盘、柜及二次回路接线施工及验收规范
[5] GB 50231 机械设备安装工程施工及验收通用规范
[6] GB/T 8564 水轮发电机组安装技术规范
[7] GB 50204 混凝土结构工程施工质量验收规范
[8] GBJ 107 混凝土强度检验评定标准

［9］GB/T 14173 水利水电工程钢闸门制造、安装及验收规范
［10］GB/T 18482 可逆式抽水蓄能机组启动试运行规程
［11］DL/T 5083 水电水利工程预应力锚索施工规范
［12］DL/T 5099 水工建筑物地下开挖工程施工技术规范
［13］DL/T 5100 水工混凝土外加剂技术规程
［14］DL/T 5110 水电水利工程模板施工规范
［15］DL/T 5113 水电水利基本建设工程单元工程等级评定标准
［16］DL/T 5115 混凝土面板堆石坝接缝止水技术规范
［17］DL/T 5135 水电水利工程爆破施工技术规范
［18］DL/T 5144 水工混凝土施工规范
［19］DL/T 5148 水工建筑物水泥灌浆施工技术规范
［20］DL/T 5150 水工混凝土试验规程
［21］DL/T 5151 水工混凝土砂石骨料试验规程
［22］DL/T 5169 水工混凝土钢筋施工规范
［23］DL/T 5178 混凝土坝安全监测技术规范
［24］DL/T 5181 水电水利工程锚喷支护施工规范
［25］DL/T 5199 水电水利工程混凝土防渗墙施工规范
［26］DL/T 5200 水电水利工程高压喷射灌浆技术规范
［27］DL/T 5210.1 电力建设施工质量验收及评定规程　第一部分　土建工程
［28］DL/T 5362 水工沥青混凝土试验规程
［29］DL/T 5363 水工碾压式沥青混凝土施工规范
［30］DL/T 5411 土石坝沥青混凝土面板和心墙设计规范
［31］DL/T 507 水轮发电机组启动试验规程
［32］SL 36 水工金属结构焊接通用技术条件
［33］SL 47 水工建筑物岩石基础开挖工程施工技术规范
［34］SL 53 水工碾压混凝土施工规范
［35］SL 176 水利水电工程施工质量检验与评定规程
［36］SL 381 水利水电工程启闭机制造安装及验收规范
［37］SL 631 水利水电工程单元工程施工质量验收评定标准
［38］水电工程质量监督大纲（2016 年版）

第三章 质量验收管理

模块 1 工程质量验收基本知识（Ⅰ级）

模块描述 本模块主要介绍建设工程质量验收的内容、流程、验收要求等内容，通过要点讲解和条文解释，掌握工程质量验收管理的工作流程和基本要求，能够参与工程质量验收工作。要熟练掌握工程质量验收基本概念（术语和定义）、质量验收工作内容、质量验收工作基本流程、质量验收工作职责及质量验收基本要求，熟悉并了解工程质量验收规程规范等方面内容。

正 文

一、工程质量验收基本概念

（一）工程质量

工程质量是指工程满足国家和水利水电行业相关标准及合同约定要求的程度，在安全、功能、适用、外观及环境保护等方面的特性总和。

（二）质量检验

质量检验是指通过检验、量测、试验等方法，对工程质量特性进行的符合性评价。

（三）质量评定

质量评定是指将质量检验结果与国家和行业技术标准以及合同约定的质量标准所进行的比较活动。

（四）单位工程

单位工程是指具有独立发挥作用或独立施工条件的建筑物。

（五）分部工程

分部工程是指在一个建筑物内能组合发挥一种功能的建筑安装工程，是组成单位工程的部分。对单位工程安全、功能或效益起决定性作用的分部工程称为主要分部工程。

（六）单元工程

单元工程是指依据设计、施工或质量评定要求，在分部工程中由几个工序（或工种）施工完成的最小综合体，是施工质量评定和日常质量考核的基本单位。

（七）关键部位单元工程

关键部位单元工程是指对工程安全、效益、功能有显著影响的单元工程。

（八）重要隐蔽单元工程

重要隐蔽单元工程是指主要建筑物的地基开挖、地下洞室开挖、地基防渗、加固处理和排水等隐蔽工程中，对工程安全或功能有严重影响的单元工程。

（九）主要建筑物及主要单位工程

主要建筑物，指其失事后将造成下游灾害或严重影响工程效益的建筑物，如堤坝、泄洪建筑物、输水建筑物、电站厂房及泵站等。属于主要建筑物的单位工程称为主要单位工程。

（十）中间产品

中间产品是指工程施工中使用的砂石骨料、石料、混凝土拌和物、砂浆拌和物、混凝土预制构件等土建类工程及金属结构和其他辅助性材料的成品及半成品。

（十一）见证取样

见证取样是指在项目监理单位或项目公司（或其授权的现场代表）的监督下，由施工承包商有关人员现场取样，并送到具有相应资质等级的工程质量检测单位所进行的监测。

（十二）外观质量

外观质量是指通过检查和必要的量测所反映的工程外表质量。

（十三）质量事件

质量事件是指在工程建设过程中，由于建设管理、监理、勘测、设计、咨询、施工、材料、设备等原因造成工程质量不符合国家和行业相关标准以及合同约定的质量标准，影响工程使用寿命和对工程安全运行造成隐患和危害的事件。质量事件的分级按国家电网公司相关规定执行。

二、工程质量验收工作内容

（1）质量检验包括施工准备检查，原材料与中间产品质量检验，水工金属结构、启闭机及机电产品质量检查，单元（工序）工程质量检验，质量事件检查和质量缺陷备案，工程外观质量检验等。

（2）施工承包商应按《水电水利基本建设工程单元工程评定标准》（DL/T 5113）及有关技术标准对水泥、钢材等原材料与中间产品质量进行检验，并报监理单位复核。不合格产品，不得使用。

（3）水工金属结构、启闭机及机电产品进场后，有关单位应按有关合同进行交货检查和验收。安装前，施工承包商应检查产品是否有出厂合格证、设备安装说明书及有关技术文件，对在运输和存放工程中发生的变形、受潮、损坏等问题应做好记录，并进行妥善处理。无出厂合格证或不符合质量标准的产品不得用于工程中。

（4）施工承包商应按《水电水利基本建设工程单元工程评定标准》（DL/T 5113）检验工序及单元工程质量，做好书面记录，在自检合格后，填写水电水利工程施工质量评定表送监理单位复核。监理单位根据抽检资料核定单元（工序）工程质量等级。发现不合格单元（工序）工程，应要求施工承包商及时进行处理，合格后才能进行后续工程施工。对施工中的质量缺陷应书面记录备案，进行必要的统计分析，并在相应单元（工序）工程质量评定表“评定意见”栏内注明。

（5）施工承包商应及时将原材料、中间产品及单元（工序）工程质量检验结果送监理单位复核。并按月将施工质量情况报监理单位，由监理单位汇总分析后报（送）项目公司。

（6）单位工程完工后，项目公司应组织监理、设计、施工及工程运行管理等单位组成工程外观质量评定组，现场进行工程外观质量检验评定。参加工程外观质量评定的人员应具有工程师以上技术职称或相应执业资格。评定组人数应不少于 5 人，大型工程不宜少于 7 人。

三、工程质量验收工作基本流程

抽水蓄能电站建设工程质量验收分为隐蔽工程验收、单元工程和工序验收、分部工程验收、单位工程验收。现场具备验收条件时，施工承包商应向监理工程师提交验收申请报告。监理工程师应在收到验收申请报告之日起10个工作日内决定是否同意进行验收。

现场质量验收中隐蔽工程验收、单元工程验收、分部工程验收由监理单位主持，单位工程验收由项目法人主持。验收工作组应由项目法人、勘测、设计、监理、施工、主要设备制造（供应）商等单位的代表组成。运行管理单位可根据具体情况决定是否参加。

（一）隐蔽工程质量验收流程及各方职责

1. 隐蔽工程质量等级评定流程

（1）施工承包商自检评定，合格后向监理工程师提出验收申请；监理工程师检查验收资料，合格后监理组织现场验收。

（2）一般隐蔽工程由监理和施工承包商代表共同验收，重要隐蔽工程的验收由项目公司、监理、施工、设计单位的代表共同进行。各单项工程开工初期，监理应列出重要隐蔽工程清单，报项目公司批准后作为组织验收的依据。

2. 隐蔽工程质量验收各方职责

（1）施工承包商。负责对被验收工程质量（包括位置和尺寸偏差、所用原材料、中间产品、最终成品、基面清理情况）的检查；出示质量检查（测）资料，提交隐蔽工程验收应提交的资料；向参加验收的代表介绍施工过程和遇到问题的处理情况、处理结果；对被验收工程做出是否合格的评价；准备隐蔽工程验收单、工序质量等级评定表等需签证的表单。

（2）监理单位。负责组织隐蔽验收，对工程实体质量进行检查和抽测，向参加验收的代表介绍监理检查和抽测情况、抽测结果，对被验收工程做出质量等级评定。

（3）设计单位。负责检查被验收的工程是否符合设计要求，有关的设计修改通知是否已落实，材料代用是否经设计同意，对被验收工程做出质量等级评定。

（4）项目公司。负责检查各方参加验收的代表是否称职，验收是否按规定程序进行，检查被验收工程的质量。

（二）单元工程质量验收流程及各方职责

1. 单元工程质量等级评定流程

（1）单元工程质量等级评定，宜于本单元工程完工一个月内完成。若因特殊情况，部分项目不能及时检查，可进行缺项暂评，但应尽快补齐缺项进行终评。单元工程质量等级修正可在消除缺陷后进行，于分部工程验收前完成。

（2）单元工程质量检验评定程序为：由施工承包商自检评定，合格后向监理提出验收申请；监理工程师检查验收资料，监理单位组织单元工程现场验收并确定质量等级。对于重要的单元工程，监理单位应在施工承包商自检合格的基础上组织有关单位共同检查评定。

（3）单元工程质量评定的检查点数和布置点位要求按《抽水蓄能电站工程质量验收评定标准》（新源科信〔2015〕380 号）执行。检查时，可以随机布点和由监理单位指定重点抽查相结合。单元工程质量等级评定表格按照《抽水蓄能电站工程质量验收评定标准》（新源科信〔2015〕380 号）的抽水蓄能电站单元工程质量等级评定表执行。

2. 单元工程质量验收各方职责

（1）施工承包商。负责对被验收工程质量的检查检测（包括位置和尺寸偏差、所用原材料、中间产品、最终成品）；出示质量检查（测）资料，提交单元工程验收应提交的资料；向参加验收的代表介绍施工过程和遇到问题的处理情况、处理结果；给出被验收工程质量等级自检评定结论；准备单元工程质量等级评定表等需签证的表单。

（2）监理单位。负责组织单元工程验收，对工程实体质量进行检查和抽测，向参加验收的代表介绍监理检查和抽测情况，给出被验收单元工程质量等级复核结论。

（3）工程地质勘察单位。负责检查开挖出露的基础和围岩条件是否符合事先的地质预判分析，如认为需继续开挖或对地质结构进行处理，提出开挖和处理要求。

（4）设计单位。负责检查被验收的工程是否符合设计要求，有关的设计修改通知是否已落实，材料代用是否经设计同意。

（5）项目公司。负责检查各方参加验收的代表是否称职，验收是否按规定程序进行，检查被验收工程的质量。

（三）分部工程质量验收流程及各方职责

1. 分部工程质量等级评定流程

（1）分部工程质量检验评定程序为：施工承包商对已完工程进行检查、质量等级评定、准备验收资料，自查合格后向监理提出验收申请；监理对已完工程和验收资料进行检查，监理认为已完工程和验收资料合格后，组织分部工程验收会。

（2）分部工程验收会应按以下程序进行：现场检查工程完成情况和工程质量；施工承包商汇报；监理单位汇报；检查相关资料，讨论并通过分部工程验收鉴定书。

（3）分部工程验收会议前，各项验收资料应备齐（包括分部工程监理报告），并给参加验收的代表足够的查阅时间。

（4）分部工程验收参加单位为施工、设计、监理、第三方检测单位、项目公司等。相关验收规范对参加验收的单位另有规定的应执行其规定，如建成后需移交地方政府管理的公路、桥梁、移民住房等工程，分部工程验收时需邀请地方政府建设、交通、移民等部门参加。

2. 分部工程质量验收各方职责

（1）施工承包商。负责对被验工程质量（包括位置和尺寸偏差、所用原材料、中间产品、最终成品）进行系统检查，编制分部工程施工报告，准备验收所需资料，对被验收工程质量进行等级评定，准备分部工程验收应提交的资料（除分部工程监理报告）和分部工程验收签证表。

（2）监理单位。负责对被验收工程质量进行检查，必要时进行检测，编制工程监理报告，检查施工承包商准备的验收资料和施工报告是否齐全、完整、真实、准确，督促施工承包商完善验收资料，准备监理抽样（见证）检测报告，准备安全监测仪器的监测结果资料。向参加验收的代表介绍分部工程监理报告，给出是否同意分部工程验收的结论。

（3）设计单位。负责检查工程是否按设计文件要求施工，有关的设计修改通知是否已落实，材料代用是否经设计同意，验收资料是否完整齐全，监测结果是否正常，给出是否同意分部工程验收的结论。

（4）项目公司。负责检查各方参加验收的代表是否称职，验收是否按规定程序进行，负责听取和分析分部工程施工报告和监理报告，检查被验工程是否符合合同规定的验收条件，验收资料是否完整齐全，被验收工程的质量是否合格，监测结果是否正常，提出被验收分部工程质量的认定等级。

（四）单位工程质量验收流程及各方职责

1. 单位工程质量等级评定流程

（1）单位工程验收由项目公司组织和主持，监理协助。单位工程验收的程序为：施工承包商对工程质量进行检查评定、准备验收资料；检查合格后向项目公司提出验收申请；项目公司通知相关单位准备验收资料，组建单位工程验收小组，对已完工程和验收资料进行检查；项目公司或监理工程师发现被验工程或资料有需处理、完善之处，通知施工承包商处理和完善；项目公司认为工程实体和相关单位准备验收资料合格后组织工程验收会。

（2）验收会应按以下程序进行：各参建单位汇报有关情况；现场检查工程完成情况和工程质量；检查单位工程验收文件和相关资料；讨论并通过单位工程验收鉴定书。

（3）单位工程验收由施工、监理、设计、主要设备制造（供应）商、第三方检测单位、项目公司、运行管理等单位的代表参加，每单位代表人数2～3人。必要时项目公司可邀请上述单位以外的技术专家参加。

相关验收规范对参加验收的单位另有规定的应执行相关验收规范的规定。如建成后需移交地方政府管理的公路、桥梁、移民住房等工程，单位工程验收时需邀请地方政府建设、交通、移民等部门参加。

验收代表应具有工程类中级技术职称，施工、监理、设计单位的验收代表还应具有与其身份相对应的执业资格（建造师、监理工程师、结构工程师、电气工程师）。

验收会前各项验收资料应备齐（包括相关单位的验收报告），并给参加验收代表一定的查阅时间。

单位工程验收小组的主要工作是检查工程是否按批准的设计建成、是否达到合同规定的质量标准，评定工程质量等级，检查分部工程验收遗留问题的处理情况和处理记录，对验收中发现的问题提出处理意见。

2. 单位工程质量验收各方职责

（1）施工承包商。负责对被验工程质量进行全面检查，编制工程施工报告，准备相关的验收所需资料，准备单位工程验收鉴定书。向参加验收的代表介绍施工过程和遇到的问题，质量缺陷、质量事故的处理情况、处理结果，单位工程质量等级自检评定结论和对单位工程质量的评价结论。

（2）监理单位。负责对被验工程质量进行抽查，必要时进行检测，准备相关的验收所需资料，编制工程监理报告，协助项目法人检查施工承包商准备的验收资料和施工报告是否齐全、完整、真实、准确，督促施工承包商完善验收资料，准备监理抽样（见证）检验报告，准备安全监测仪器的监测结果资料。向参加验收的代表介绍监理抽样（见证）检验情况和检验结果，出示监理抽样（见证）检验报告，介绍安全监测仪器的监测结果，给出被验收单位工程复核后的质量等级、对单位工程验收的意见。

（3）设计单位。编制单位工程设计报告，负责检查被验收工程是否符合设计文件要求，监测结果是否符合设计预期，向参加验收的代表介绍设计情况，提出对被验收工程的验收意见。

（4）项目公司。编制工程建设管理报告，组织和主持验收工作，准备第三方检测单位对工程质量的检测资料，检查各方参加验收的代表是否称职，听取和分析单位工程施工报告和监理报告，检查工程是否按合同要求施工，验收资料是否完整齐全，被验收工程的质量是否合格，监测结果是否正常，提出被验收单位工程经检查后认定的质量等级和对单位工程验收的意见。

四、施工现场质量验收的一般要求

（1）施工现场质量管理应有相应的施工技术标准，健全的质量管理体系、施工质量检验制度和综合施工质量水平考核制度。

（2）建筑工程采用的主要材料、半成品、成品、建筑构配件、器具和设备应进行现场验收。凡涉及安全、功能的有关产品，应按各专业工程质量验收规范规定进行复验，并应经监理工程师（项目公司代表）检查认可。

（3）各工序应按施工技术标准进行质量控制，每道工序完成后，应进行检查。

（4）相关各专业工种之间，应进行交接检验，并形成记录，且必须经监理工程师（项目公司代表）检查认可。

（5）单元工程质量检查项目分为主控项目和一般项目两类。单元工程质量等级分为优良、合格和不合格三级。

（6）单元工程质量等级评定应具备的条件：各工序使用的原材料、中间产品及工序验收等合格，检验资料齐全。

五、工程质量检验检测单位

（1）根据抽水蓄能电站建设工程的需要，项目公司、监理、设计、施工和工程质量监督等单位可委托具有相应资质等级的工程质量检测单位或项目公司组建的现场中心试验室进行工程质量检验检测。

（2）承担工程质量检验业务的检验单位应具有国家有关行政主管部门颁发的资质证书，具有健全的管理制度。

（3）工程施工质量检验中使用的设备、实验仪器仪表、计量器具应满足抽水蓄能电站建设工程项目施工质量检验的需要，应定期进行检定，并具备有效的检定证书。国家规定需强制检定的计量器具应经县级以上计量行政部门认定的计量检定机构或授权设置的计量检定机构进行检定。

（4）检验单位应配备充足的检测人员。检测人员应熟悉检验、检测业务，了解被检验、检测对象性质和所用仪器设备性能，经考核合格后，持证上岗。参与中间产品及混凝土（砂浆）试件质量资料复核的人员应具有工程师以上工程系列技术职称，并从事过相关试验工作。

六、质量检验单位的职责

（1）除工程监理合同另有规定外，根据《建筑工程检测试验技术管理规范》（JGJ 190—2010），监理单位质量检验职责如下：

1）应对施工承包商应开展的检测试验项目按照10%的比例进行抽检。

2）对施工承包商开展的检测试验进行审核、见证和取样。

3）对施工承包商提交的试验结果进行验证性检测，并批复施工承包商。

（2）除工程承建合同另有规定外，根据《建筑工程检测试验技术管理规范》（JGJ 190—2010），施工承包商的质量检验职责如下：

1）负责其施工工艺和工程质量过程控制性的试验检测工作（如混凝土配合比设计试验、土石方填筑碾压试验、爆破试验监测、钢筋（材）焊接连接工艺试验等）。

2）配合工地中心试验室进行取样。

3）根据检测试验结果进行质量评定，并改进质量控制工作。

4）施工承包商应依据工程设计要求、施工技术标准和合同约定，结合《水电水利基本建设工程单元工程评定标准》（DL/T 5113）的规定确定检查项目及数量并进行自检，自检过程应有书面记录，同时结合自检情况如实填写水电水利工程施工质量评定表。

（3）除工程承建合同和（或）工程监理合同另有规定外，根据《建筑工程检测试验技术管理规范》（JGJ 190—2010），项目公司的质量检验职责如下：

1）应对施工承包商自检和监理单位抽检工程进行督促检查，对工程质量等级进行认定。

2）组织监理、设计及施工承包商等相关方根据工程特点，参照《水电水利基本建设工程单元工程评定标准》（DL/T 5113）和《建筑工程检测试验技术管理规范》（JGJ 190—2010）等其他相关标准确定临时工程质量检验及评定标准。

七、质量检验内容

（1）质量检验包括施工准备检查，原材料与中间产品质量检验，水工金属结构、启闭机及机电产品质量检查，单元（工序）工程质量检验，质量事件检查和质量缺陷备案，工程外观质量检验等。

（2）施工承包商应按《水电水利基本建设工程单元工程评定标准》（DL/T 5113）及有关技术标准对水泥、钢材等原材料与中间产品质量进行检验，并报监理单位复核。不合格产品，不得使用。

（3）水工金属结构、启闭机及机电产品进场后，有关单位应按有关合同进行交货检查和验收。安装前，施工承包商应检查产品是否有出厂合格证、设备安装说明书及有关技术文件，对在运输和存放工程中发生的变形、受潮、损坏等问题应做好记录，并进行妥善处理。无出厂合格证或不符合质量标准的产品不得用于工程中。

（4）施工承包商应按《水电水利基本建设工程单元工程评定标准》（DL/T 5113）检验工序及单元工程质量，做好书面记录，在自检合格后，填写《水电水利工程施工质量评定表》送监理单位复核。监理单位根据抽检资料核定单元（工序）工程质量等级。发现不合格单元（工序）工程，应要求施工承包商及时进行处理，合格后才能进行后续工程施工。对施工中的质量缺陷应书面记录备案，进行必要的统计分析，并在相应单元（工序）工程质量评定表“评定意见”栏内注明。

（5）施工承包商应及时将原材料、中间产品及单元（工序）工程质量检验结果送监理单位复核。并按月将施工质量情况报监理单位，由监理单位汇总分析后报（送）项目公司。

（6）单位工程完工后，项目公司应组织监理、设计、施工及工程运行管理等单位组成工程外观质量评定组，现场进行工程外观质量检验评定。参加工程外观质量评定的人员应具有工程师以上技术职称或相应执业资格。评定组人数应不少于 5 人，大型工程不宜少于 7 人。

八、数据处理

（1）工程质量检验数据应真实可靠，检验记录及签证应完整齐全。

（2）测量误差的判断和处理，应符合《测量误差及数据处理》（JJG 1027）和《测量不确定度评定与表示》（JJF 1059）的规定。

（3）数据保留位数，应符合国家及行业有关试验规程及施工规范的规定。计算合格率时，小数点后保留一位。

（4）数值修约应符合《数值修约规则与极限数值的表示和判定》（GB 8170）的规定。

（5）检验和分析数据可靠性时，应符合下列要求：

1）检查取样应具有代表性。

2）检测方法及仪器设备应符合国家及行业规定。

3）操作应准确无误。

（6）实测数据是评定质量的基础资料，严禁伪造或随意舍弃检测数据。对可疑数据，应检查分析原因，并做出书面记录。

（7）单元（工序）工程检测成果按《水电水利基本建设工程单元工程评定标准》（DL/T 5113）规定进行计算。

（8）水泥、钢材、外加剂、混合材及其他原材料的检测数量与数据统计方法应按现行国家和行业有关标准执行。

（9）砂石骨料、石料及混凝土预制件等中间产品检测数据统计方法应符合《水电水利基本建设工程单元工程评定标准》（DL/T 5113）的规定。

（10）混凝土强度的检验评定应符合以下规定：

1）普通混凝土试块试验数据统计应符合现行有关规范的规定。试块组数较少或对结论有怀疑时，也可采取其他措施进行检验。

2）碾压混凝土质量检验与评定按《水工碾压混凝土施工规范》（DL/T 5112—2009）的规定执行。

3）喷射混凝土抗压强度的检验与评定应符合喷射混凝土抗压强度检验评定标准，详见现行有关规范。

（11）砂浆、砌筑用混凝土强度检验评定标准应符合现行有关规范的规定。

（12）混凝土、砂浆的抗冻、抗渗等其他检验评定标准应符合设计和相关技术标准的要求。

九、不合格项目的处理

（1）工程中出现检验不合格的项目时，应按以下规定进行处理：

1）原材料、中间产品一次抽样检验不合格时，应及时对同一取样批次另取两倍数量进行检验，如仍不合格，则该批次原材料或中间产品应定为不合格，不得使用。

2）单元（工序）工程质量不合格时，应按合同要求进行处理或返工重做，并经重新检验且合格后方可进行后续工程施工。

3）混凝土（砂浆）试件抽样检验不合格时，应委托具有相应资质等级的质量检测单位对相应工程部位进行检验。如仍不合格，由项目公司组织设计、监理、施工承包商及专家提出处置方案，处置后须达到检验合格。

4）工程完工后的质量抽检不合格，或其他检验不合格的工程，应按有关规定进行处理，合格后才能进行验收或后续工程施工。

（2）对已建工程质量有重大分歧时，应由项目公司委托第三方具有相应资质等级的质量检测单位进行检测，检测数量视需要确定，检测费用由责任方承担。

十、工程质量验收规程规范

工程质量验收规程规范包括但不限于以下文件，下列文件对于工程质量验收的应用是必不可少的。凡是不注日期的引用文件，其最新版本（包括所有的修改单）适用于本标准。

GB/T 985.1　气焊、焊条电弧焊、气体保护焊和高能束焊的推荐坡口

GB/T 985.2　埋弧焊的推荐坡口

GB/T 985.3　铝及铝合金气体保护焊的推荐坡口

GB/T 985.4　复合钢的推荐坡口

GB 2887　计算机场地技术要求

GB/T 3098　紧固件机械性能

GB/T 3181　漆膜颜色标准
GB/T 3323　金属熔化焊焊接接头射线照相
GB 3453　数据通信基本型控制规程
GB/T 5224　预应力混凝土用钢绞线
GB/T 5234　工业控制计算机系统验收大纲
GB 7260　不间断电源设备
GB 8170　数值修约规则与极限数值的表示和判定
GB/T 8564　水轮发电机组安装技术规范
GB/T 8923　涂覆涂料前钢材表面处理表面清洁度的目视评定
GB/T 9286　色漆和清漆漆膜的划格试验
GB/T 14173　水利水电工程钢闸门制造、安装及验收规范
GB/T 14370　预应力筋用锚具、夹具和连接器
GB/T 18482　可逆式抽水蓄能机组启动试运行规程
GB/T 19000　质量管理体系基础和术语
GB 50086　锚杆混凝土支护技术规范
GB 50149　电气装置安装工程母线装置施工及验收规范
GB 50150　电气装置安装工程电气设备交接验收试验标准
GB 50168　电气装置安装工程电缆线路施工及验收规范
GB 50171　电气装置安装工程盘、柜及二次回路接线施工及验收规范
GB 50202　建筑地基基础工程施工质量验收规范
GB 50204　混凝土结构工程施工质量验收规范
GB 50210　建筑装饰装修工程质量验收规范
GB 50231　机械设备安装工程施工及验收通用规范
GB/T 50375　建筑工程施工质量评价标准
GB 50300　建筑工程施工质量验收统一标准
GBJ 107　混凝土强度检验评定标准
DL/T 476　电力系统实时数据通信应用层协议
DL/T 507　水轮发电机组启动试验规程
DL/T 578　水电厂计算机监控系统设备基本技术规范
DL/T 5002　地区电网调度自动化设计技术规程
DL/T 5003　电力系统调度自动化设计技术规程
DL/T 5083　水电水利工程预应力锚索施工规范
DL/T 5099　水工建筑物地下开挖工程施工技术规范
DL/T 5100　水工混凝土外加剂技术规程
DL/T 5110　水电水利工程模板施工规范
DL/T 5113　水电水利基本建设工程单元工程等级评定标准
DL/T 5115　混凝土面板堆石坝接缝止水技术规范

DL/T 5135　水电水利工程爆破施工技术规范
DL/T 5144　水工混凝土施工规范
DL/T 5148　水工建筑物水泥灌浆施工技术规范
DL/T 5150　水工混凝土试验规程
DL/T 5151　水工混凝土砂石骨料试验规程
DL/T 5169　水工混凝土钢筋施工规范
DL/T 5178　混凝土坝安全监测技术规范
DL/T 5181　水电水利工程锚喷支护施工规范
DL/T 5199　水电水利工程混凝土防渗墙施工规范
DL/T 5200　水电水利工程高压喷射灌浆技术规范
DL/T 5210.1　电力建设施工质量验收及评定规程第一部分土建工程
DL/T 5214　水电水利工程振冲法地基处理技术规范
DL/T 5362　水工沥青混凝土试验规程
DL/T 5363　水工碾压式沥青混凝土施工规范
DL/T 5411　土石坝沥青混凝土面板和心墙设计规范
JGJ 107　钢筋机械连接通用技术规程
JJG 1027　测量误差及数据处理
JJF 1059　测量不确定度评定与表示
SL 36　水工金属结构焊接通用技术条件
SL 47　水工建筑物岩石基础开挖工程施工技术规范
SL 53　水工碾压混凝土施工规范
SL 176　水利水电工程施工质量检验与评定规程
SL 381　水利水电工程启闭机制造安装及验收规范
SL 631　水利水电工程单元工程施工质量验收评定标准
JTG F　80/1～2 公路工程质量检验评定标准　第一册　土建部分
YDJ 44　电信网光纤数字传输系统工程施工及验收暂行技术规定
Q/GDW 11426—2015　国家电网公司企业标准《抽水蓄能电站工程项目划分导则》

国网新源公司关于印发《抽水蓄能电站建设工程质量验收评定标准》的通知（新源科信〔2015〕380 号）

注意：使用其他有关规范时，同期水电行业规范优先使用。

思考与练习

1. 工程质量验收分为哪几个阶段？质量验收的主要工作内容有哪些？
2. 工程质量和质量检验的定义是什么？
3. 单元工程、重要隐蔽单元工程、分部工程、单元工程的定义分别是什么？
4. 单元工程质量等级评定流程是什么？

模块2　工程质量验收（Ⅱ级）

模块描述　本模块主要介绍建设工程项目划分，单元、分部、单位工程验收与评定工作，项目完工验收内容，并分别具体介绍土建工程及金属结构与机电安装工程验收方法，通过要点讲解和操作流程介绍，能够组织工程质量验收管理工作。

正 文

一、工程项目划分

（一）工程项目划分总则

（1）工程项目划分以水利水电工程项目划分为基础，兼顾房屋建筑、公路、市政、港口航运等行业要求。

（2）工程项目划分应综合分析合同界面、工程实体构筑物界限、管理程序、施工工序、验收控制点等因素。

（3）单位工程、分部工程项目划分参照《抽水蓄能电站工程项目划分导则》（Q/GDW 11426—2015）的附录A～E的规定执行，单元工程参照《抽水蓄能电站工程项目划分导则》（Q/GDW 11426—2015）给定的项目划分依据进行划分。

（4）项目划分时，应根据实际情况选择对应的项目划分表。对于标准中未列出的工程项目，应依据《抽水蓄能电站工程项目划分导则》（Q/GDW 11426—2015）的划分原则扩展。

（二）工程项目划分依据

工程项目划分依据参照《抽水蓄能电站工程项目划分导则》（Q/GDW 11426—2015）执行。

（三）工程质量验收

抽水蓄能电站建设工程质量验收分为隐蔽工程验收、单元工程和工序验收、分部工程验收、单位工程验收。

（四）水工建筑和安装工程

抽水蓄能电站建设工程中的水工建筑和安装工程项目的划分依据《抽水蓄能电站工程项目划分导则》（Q/GDW 11426—2015）执行。

（五）房屋建筑工程

除列入水工建筑物的附属工程的房屋建筑外，抽水蓄能电站的房屋建筑工程按《建筑工程施工质量验收统一标准》（GB 50300）、《建筑工程施工质量评价标准》（GB/T 50375）、《建筑装饰装修工程质量验收规范》（GB 50210）的规定进行项目划分。

（六）桥梁工程

特大型、大型、中型桥梁的项目划分按《公路工程质量检验评定标准　第一册　土建部分》（JTG F80/1～2）的规定进行项目划分。

二、隐蔽工程验收

隐蔽工程验收包括以下两类验收。

（1）A 类。下道工序施工后将覆盖上道或上几道工序的施工成果，为对上道或上几道工序的施工成果质量做出检查评价，在下道工序施工前对上道或上几道工序施工成果进行的检查验收。如基础开挖验收、混凝土浇筑前对仓面的验收、砌石开始前对基面清理的验收。

（2）B 类。对施工成果为不可见实体的验收，如对回填灌浆、固结灌浆、帷幕灌浆、地下防渗墙的验收。B 类隐蔽工程验收属于对单元（或分部、单位）工程的验收。

（一）隐蔽工程验收应具备的条件

（1）隐蔽工程已按要求完成施工，且经检测质量符合要求。

（2）施工承包商已对隐蔽工程完成三检（施工班组初检，作业队专职或兼职质检员复检，项目部质检机构专职质检员终检），质量合格。

（3）验收必需的资料已准备齐全。

（二）隐蔽工程验收的质量标准

（1）与被验收隐蔽工程相关的规程规范中的质量标准。

（2）与被验收隐蔽工程相关的合同技术条款中的质量标准。

（3）监理工程师签发的施工图、施工技术要求和设计通知（统称设计文件）中规定的质量标准。

当（1）、（2）、（3）的质量标准不一致时，应执行其中较严格的质量标准。工程建设标准强制性条文是最低质量标准，被验收工程必须满足其规定。

（三）隐蔽工程验收应提交的资料

（1）工程实体的测量资料（如大坝填筑体被上层覆盖前的实测高程、混凝土模板实际位置、防渗墙槽孔深度等）。

（2）施工承包商自检的三检单。

（3）被隐蔽工程的工序质量等级评定表（如混凝土仓面隐蔽验收时的模板、钢筋等工序质量等级评定表）和将被隐蔽的上一单元工程的单元质量等级评定表。

（四）隐蔽工程验收的成果

隐蔽工程验收的成果为隐蔽工程验收单和工序质量等级评定表。如果隐蔽工程通过验收，参加验收的各方代表必须在隐蔽工程验收单上签署同意验收的意见；监理和施工承包商参加验收的代表还需在工序质量等级评定表上签字。隐蔽工程验收单和工序质量等级评定表由施工承包商保管，合同工程完工并经过验收后作为归档资料移交项目法人。

三、单元工程验收

（一）单元工程划分的依据

单元工程的划分应执行《水电水利基本建设工程单元工程质量等级评定标准》（DL/T

5113）。目前已发布的有《第 1 部分：土建工程》《第 3 部分：水轮发电机组安装工程》《第 4 部分：水力机械辅助设备安装工程》《第 5 部分：发电电气设备安装工程》《第 6 部分：升压变电电气设备安装工程》《第 8 部分：水工碾压混凝土工程》《第 10 部分：沥青混凝土工程》。金属结构及启闭机机械设备安装工程、碾压式土石坝和浆砌石坝工程的单元划分，可依据《水利水电单元工程施工质量验收评定标准　水工金属结构工程》（SL 635—2012）、《水利水电单元工程施工质量验收评定标准　土石方工程》（SL 631—2012）、《水利水电单元工程施工质量验收评定标准　混凝土工程》（SL 632—2012）的规定执行。《水电水利基本建设工程单元质量等级评定标准》（DL/T 5113）未涉及的施工项目，其单元工程划分可依据工程结构、施工部署或质量考核要求，按层、块、段进行划分。

（二）单元工程验收应具备的条件

（1）单元工程已完成施工，并具备相关规范规定的验收条件（如锚杆已按规范规定的频率进行抗拔力或无损检测，混凝土已进行设计龄期的力学性能试验，预应力锚索灌浆的浆液力学性能试验已完成）。各项检测、试验结果符合质量标准。

（2）施工承包商已对单元工程完成三检、终检结论为合格或优良。

（3）验收必需的资料已准备齐全。

（三）单元工程验收的质量标准

单元工程验收的质量标准与隐蔽工程验收的质量标准规定一致。

（四）单元工程验收应提交的资料

（1）已完工程的体型和位置实测资料，防渗墙、各类灌浆等隐蔽单元工程的施工记录，预应力锚索的施工记录。

（2）已隐蔽部位的隐蔽验收单，如混凝土仓面、锚杆孔、喷混凝土基面。

（3）施工承包商自检的三检单。

（4）相关的试验检测资料，如防渗墙和钻孔灌注桩混凝土试件试验报告，砌体、锚杆和预应力锚索用砂浆或水泥浆试件的试验报告，锚杆抗拔力或无损检测试验报告，土或堆石填筑体级配和密度检测报告（若有）。

（5）相关的工序质量等级评定表。

（五）单元工程质量评定

（1）单元工程质量检查项目分为主控项目和一般项目两类。单元工程质量等级分为优良、合格和不合格三级。

（2）施工承包商在单元工程相关工序或检验批自检合格，质量验收资料完整后，填写单元工程质量评定表，在 24h 内报监理单位。

（3）监理单位收到施工承包商提交的单元工程质量评定表，在 36h 内组织开展单元工程验收。

（4）监理单位负责组织单元工程质量验收，施工承包商技术负责人参加验收，项目公司及其相关部门，依据具体实际情况选择参加验收。

（5）监理单位专业监理工程师主持单元工程验收工作时，施工承包商应按工序或检验批留出足够的时间，进行单元工程验收与质量评定。

（6）在一个单元工程完工后，属于混凝土浇筑或喷混凝土工程，应在36天内完成验收与评定工作。其他单元工程，一般情况下，应在7天内做完验收与质量评定工作。

（7）单元工程质量合格标准应按照、《水电水利基本建设工程单元工程评定标准》（DL/T 5113）或合同约定的合格标准执行。当达不到合格标准时，由监理单位组织施工承包商及时进行处理。处理后的质量等级应按下列规定重新确定：

1）全部返工重做的，可重新评定质量等级。

2）经加固补强并经设计和监理单位鉴定能达到设计要求时，其质量评为合格。

3）处理后的工程部分质量指标仍达不到设计要求时，经设计复核，项目公司及监理单位确认能满足安全和使用功能要求，可不再进行处理；或经加固补强后，改变了外形尺寸或造成永久性缺陷的，经项目公司、监理及设计单位确认能满足设计要求，其质量可定为合格，但仍应按规定进行质量缺陷备案。

（8）单元工程施工质量优良标准应按照《抽水蓄能电站建设工程质量验收评定标准》（新源科信〔2015〕380号）、《水电水利基本建设工程单元工程质量评定标准》（DL/T 5113）或合同约定的优良标准执行。全部返工重作的单元工程，经检验达到优良标准时，可评为优良等级。

（9）整改结束后，监理单位汇总整理验收资料，待工程竣工，移交项目公司归档。

（六）单元工程验收的成果

（1）进行单元工程质量等级评定的一般单元工程，其验收成果为单元工程质量等级评定表。

（2）开挖和重要单元工程，其验收成果为单元工程质量等级评定表和单元工程验收单。

如果单元工程通过验收，参加验收的各方代表必须在单元工程验收单上签署同意验收的意见；监理和施工承包商参加验收的代表还需在单元工程质量等级评定表上签字。单元工程验收单由施工承包商保管，合同工程完工并经过验收后作为归档资料移交给项目法人。

四、分部工程验收

（一）分部工程划分

工程开工前监理应根据工程的具体情况与承包人现场项目部、项目法人单位共同讨论确定单位工程和分部工程划分。抽水蓄能电站单位工程和分部工程划分应依据《抽水蓄能电站工程项目划分导则》（Q/GDW 11426—2015）确定各单位工程和分部工程的编号。

（二）分部工程验收应具备的条件

（1）分部工程已完成施工，如有少量未完工的工程，已得到项目公司同意。

（2）已完单元工程施工质量经评定全部合格，质量缺陷已处理完毕并通过验收，尚未处理的质量缺陷已得到项目公司同意，并有监理单位批复的处理意见。

（3）必需的质量检测已完成，如混凝土的物理力学性能、锚杆抗拔力或无损检测，帷幕灌浆的压水试验等。金属结构及启闭机制造和机电产品等的试验与检测。

（4）分部工程验收所需资料已准备齐全。

（5）合同约定的其他条件。

（三）分部工程验收应提交的资料

（1）分部工程所含各单元工程的隐蔽验收单和单元工程质量等级评定资料。

（2）原材料出厂、进场检验资料。

（3）中间产品（如混凝土、砂浆）检验检测资料；工程质量检验检测资料。

（4）施工承包商分部工程施工报告。应包括的内容：

1）分部工程简介、工程开工及完工时间。

2）主要分项工程工程量。

3）简要的施工过程介绍、重大设计变更情况。

4）使用的主要施工设备、实际采用的施工方法。

5）施工质量控制依据的技术标准。

6）质量事故和缺陷及处理情况、待处理的质量缺陷及处理计划。

7）主要原材料生产厂（产地）和出厂、进场检验结果及统计分析。

8）中间产品（混凝土、垫层料等）和已完工程质量检验结果及统计分析。

9）单元工程优良率、重要隐蔽单元和关键部位单元工程优良率、外观质量得分率。

10）对分部工程质量等级的评定结论。

（5）分部工程监理报告。应包括的内容：

1）分部工程简介、工程开工及完工时间。

2）主要分项工程工程量。

3）使用的主要施工设备、实际采用的施工方法。

4）施工过程监理的质量控制工作，控制方法和手段。

5）监理质量控制依据的技术标准。

6）质量事故和缺陷及处理情况、待处理的质量缺陷及处理计划。

7）主要原材料、中间产品（混凝土、垫层料等）和已完工程质量监理抽样（见证取样）检验情况、检验结果及统计分析。

8）单元工程优良率、重要隐蔽单元和关键部位单元工程优良率、外观质量得分率、分部工程质量等级监理复核结果。

（四）分部工程质量评定

（1）分部工程验收由监理单位主持，验收小组由项目公司、勘测设计单位、监理单位、施工承包商、主要设备制造（供应）商、第三方检测单位等单位的代表组成。

（2）施工承包商分部工程具备验收条件时，在14天内向监理单位提交《分部工程验收申请报告》。

（3）监理单位审核《分部工程验收申请报告》，并在收到报告之日起10个工作日内，决定是否同意进行验收。

（4）监理单位同意验收后，在收到报告之日起14个工作日内，组织项目公司、勘测设计单位、监理单位、施工承包商、主要设备制造（供应）商等单位进行分部工程验收。

（5）监理单位经现场验收和工程质量、资料检查后，讨论并通过《分部工程验收鉴定书》。

（6）《分部工程验收鉴定书》经质量监督机构核备，在验收鉴定书通过之日起 30 天内，由监理单位负责发送至相关单位。

（7）分部工程验收遗留问题处理情况应有书面记录并有相关责任单位代表签字，书面随分部工程验收鉴定书一并归档。

（8）分部工程施工质量同时满足下列标准时，其质量评为合格：

1）所含单元工程的质量全部合格，质量事故及质量缺陷已按要求处理，并经检验合格。

2）原材料、中间产品及混凝土（砂浆）试件质量全部合格，金属结构及启闭机制造质量合格，机电产品质量合格。

（9）分部工程施工质量同时满足下列标准时，其质量评为优良：

1）所含单元工程的质量全部合格，其中 70%以上达到优良等级，重要隐蔽单元工程和关键部位单元工程质量优良率达 90%以上，且未发生过质量事故。

2）原材料、中间产品质量全部合格，混凝土（砂浆）试件质量达到优良等级（当试件组数小于 30 时，试件质量合格），金属结构及启闭机制造质量合格，机电产品质量合格。

（10）分部工程验收中发现有质量不合格或有质量缺陷的情况，由监理单位组织施工承包商及时进行处理，整改后重新检查验收，直到合格为止。

（11）整改结束后，施工承包商汇总整理验收资料，待工程竣工，移交项目公司归档。

（五）分部工程验收的成果

（1）分部工程验收的成果为分部工程验收签证和分部工程施工质量评定表。分部工程验收签证由参加验收的各单位留存，施工承包商向项目公司移交的归档资料中需有齐全的分部工程验收签证。

（2）分部工程验收遗留问题处理情况应有书面资料（如处理过程和处理后的验收单等），经相关责任单位（监理或监理和设计）代表签字后，随分部工程验收签证一道保存和归档。

（六）分部工程验收应依据的验收规范

分部工程验收应依据《水电水利工程项目建设管理规范》（DL/T 5432—2009）23.2 的规定进行。《水电水利工程项目建设管理规范》（DL/T 5432—2009）未提及的内容，应参照《水利水电建设工程验收规程》（SL 223—2008）的规定。分部工程质量评定应参照《水利水电工程施工质量检验与评定规程》（SL 176—2007）的规定。

五、单位工程质量验收

（一）单位工程划分

单位工程划分与分部工程划分一致。

（二）单位工程验收应具备的条件

（1）所有分部工程已完建并验收合格。

（2）分部工程验收遗留问题已处理完毕并通过验收，个别未处理的遗留问题已经项目公司同意，有施工承包商的处理计划，不影响单位工程质量等级评定。

（3）单位工程验收所需资料已准备齐全。

（4）合同约定的其他条件。

（三）单位工程验收应提交的资料

（1）工程项目划分文件。

（2）竣工图、设计文件。

（3）拟验工程清单、未完工程清单、未完工程的施工安排及计划完成时间，遗留质量问题处理措施及实施计划。

（4）分部工程验收签证和质量等级评定资料。

（5）原材料出厂、进场质量检验资料，中间产品质量检验资料。

（6）工程质量检验和监测资料。

（7）监理或第三方检测机构的工程质量抽样（见证取样）检测资料。

（8）单位工程质量评定资料（包括外观质量评定资料）。

（9）业主和监理有关工程要求的文件或会议纪要。

（10）与被验收工程相关的重要文件。

（11）单位工程施工报告。应包括的内容：

1）单位工程简介、工程开工及完工时间。

2）主要分项工程工程量。

3）简要的施工过程介绍、重大设计变更情况。

4）使用的主要施工设备、实际采用的施工方法。

5）施工质量控制依据的技术标准。

6）质量事故和缺陷及处理情况、待处理的质量缺陷及处理计划。

7）主要原材料生产厂（产地）和出厂、进场检验结果及统计分析。

8）中间产品（混凝土、垫层料等）质量检验结果及统计分析，已完工程质量检验结果及统计分析。

9）分部工程优良率，单位工程外观质量评定结果、质量等级评定结果。

10）对单位工程验收的结论意见。

（12）单位工程监理报告。应包括的内容：

a. 单位工程简介、工程开工及完工时间。

b. 主要分项工程工程量。

c. 使用的主要施工设备、实际采用的施工方法。

d. 施工过程监理的质量控制工作，控制方法和手段。

e. 监理质量控制依据的技术标准。

f. 质量事故和缺陷及处理情况、分部工程验收遗留问题的处理情况。

g. 主要原材料生产厂（产地），监理抽样（见证取样）检验情况，检验结果及统计分析。

h. 中间产品（混凝土、垫层料等）和已完工程质量监理抽样（见证取样）检验情况、检验结果及统计分析。

i. 分部工程优良率，单位工程外观质量评定结果、单位质量等级监理复核结果。

j. 对单位工程验收的结论意见。

（13）工程设计报告。包括的内容：

a. 施工图设计依据的前期设计文件和批复文件。

b. 开工后设计变更情况和过程。

c. 工程设计依据的规程规范。

d. 设计过程的质量控制。

e. 单位工程的主要设计指标和对施工的要求。

f. 设计参加开挖验收和重要隐蔽工程验收的情况。

g. 对单位工程质量的评价，是否同意验收的结论意见。

（14）工程建设管理报告。应包括的内容：

a. 项目立项和招标过程。

b. 征地移民手续办理情况。

c. 对施工过程的管理。

d. 对验收遗留问题的处理意见和安排。

e. 甲供材料采购、运输和保管过程的质量管理。

f. 对单位工程质量的评价，认定的质量等级，是否同意验收的结论意见。

g. 工程建设大事记。

（15）其他需要准备的资料。

（四）单位工程质量评定

（1）单位工程验收由项目公司主持，验收小组由项目公司、勘测及设计单位、监理单位、施工承包商、主要设备制造（供应）商、第三方检测机构等单位的代表组成。

（2）单位工程具备验收条件时，施工承包商在28天内编写《单位工程验收申请报告》，报监理单位审查后，向项目公司提交。

（3）项目公司审核《单位工程验收申请报告》，并在收到报告之日起10个工作日内，决定是否同意进行验收。

（4）同意验收后，项目公司在收到报告之日起28个工作日内，组织勘测及设计单位、监理单位、施工承包商、主要设备制造（供应）商单位进行单位工程验收。

（5）经监理单位现场完成情况和工程质量、资料检查后，讨论并通过单位工程验收鉴定书。

（6）单位工程验收鉴定书经质量监督机构核备，在验收鉴定书通过之日起30天内由项目公司负责发送至相关单位。

（7）单位工程验收遗留问题处理情况应有书面记录并有相关责任单位代表签字，书面记录随单位工程验收鉴定书一并归档。

（8）单位工程施工质量同时满足下列标准时，其质量评为合格：

1）所含分部工程质量全部合格。

2）质量事故已按要求进行处理。

3）单位工程施工质量检验与评定资料基本齐全。

4）工程施工期及试运行期，单位工程观测资料分析结果符合国家和行业技术标准以及合同约定的标准要求。

（9）单位工程施工质量同时满足下列标准时，其质量评为优良：

1）所含分部工程质量全部合格，其中 70%以上达到优良等级，主要分部工程质量全部优良，且未发生过质量事故。

2）单位工程施工质量检验与评定资料齐全。

3）工程施工期及试运行期，单位工程观测资料分析结果符合国家和行业技术标准以及合同约定的标准要求。

（10）验收中发现有质量缺陷或质量不合格的情况，由监理单位组织施工承包商及时进行处理，整改后重新检查验收，直到合格为止。

（11）整改结束后，施工承包商汇总整理验收资料，待工程竣工，移交项目公司归档。

（五）单位工程验收的成果

（1）单位工程验收的成果为单位工程验收鉴定书、水工建筑物外观质量评定表［见《水利水电工程施工质量检验与评定规程》（SL 176—2007）附录 A］和单位工程施工质量评定表。单位工程验收鉴定书由参加验收的各单位留存，施工承包商向项目法人移交的归档资料中需有齐全的单位工程验收鉴定书。

（2）单位工程验收遗留问题处理情况应有书面资料（如处理过程和处理后的验收单等），经相关责任单位（监理单位或/和设计）代表签字后，随单位工程验收鉴定书一道保存和归档。

（六）单位工程验收应依据的验收规范

单位工程验收应依据《水电水利工程项目建设管理规范》（DL/T 5432—2009）23.2的规定进行。《水电水利工程项目建设管理规范》（DL/T 5432—2009）未提及的内容，应参照《水利水电建设工程验收规程》（SL 223—2008）的规定。单位工程质量评定应参照《水利水电工程施工质量检验与评定规程》（SL 176—2007）的规定。

六、项目工程完工验收

（1）项目工程的建设内容完成后，应进行项目工程完工验收。当项目工程仅包含一个单位（分部工程）时，宜将单位工程（分部工程）验收与项目工程完工验收一并进行，但应同时满足相应的验收条件。

（2）项目工程完工验收由项目公司主持，验收小组由项目公司、勘测及设计单位、监理单位、施工承包商、主要设备制造（供应）商等单位的代表组成。

（3）项目工程具备完工验收条件时，施工承包商在 28 天内，编写《项目工程完工验收申请报告》提交项目公司。

（4）项目公司审核验收申请报告，并在收到报告之日起 20 个工作日内，决定是否同意进行验收。

（5）项目公司同意验收后，在收到报告之日起28个工作日内组织项目工程完工验收，经验收小组对现场完成情况和工程质量、资料等进行检查，讨论并通过项目工程完工验收鉴定书。

（6）项目工程完工验收鉴定书在验收通过之日起30天内由项目公司负责发送至相关单位。

（7）项目工程施工质量同时满足下列标准时，其质量评为合格：

1）单位工程质量全部合格。

2）工程施工期及试运行期，单位工程观测资料分析结果均符合国家和行业技术标准以及合同约定的标准要求。

（8）项目工程施工质量同时满足下列标准时，其质量评为优良：

1）单位工程质量全部合格，其中70%以上单位工程质量达到优良等级，且主要单位工程质量全部优良。

2）工程施工期及试运行期，单位工程观测资料分析结果均符合国家和行业技术标准以及合同约定的标准要求。

（9）验收中发现有质量缺陷或质量不合格的情况，由监理单位组织施工承包商及时进行处理，整改后重新检查验收，直到合格为止。

（10）整改结束后，施工承包商汇总整理验收资料，移交项目公司归档。

七、土建工程

土建工程包括软基和边坡开挖工程、岩石边坡开挖工程、岩石地基开挖工程、岩石地下开挖工程、支护工程、预应力锚固工程、基础排水工程、振冲法地基处理工程、钻孔灌注桩工程、岩石地基灌浆工程、回填灌浆工程、混凝土防渗墙工程、高压喷射灌浆工程、土石方填筑工程、堆（砌）石工程、混凝土工程、预应力混凝土工程、钢筋混凝土预制构件安装工程、坝体接缝灌浆工程、混凝土面板堆石坝工程、水工碾压混凝土工程、沥青混凝土工程、土工合成材料滤层、排水、防渗工程、水下开挖工程、疏浚工程、建筑工程、公路工程、桥涵工程等。下面以软基和边坡开挖工程为例，介绍软基和边坡开挖工程的一般规定、质量检查项目、质量标准及检测方法、检测数量、质量评定标准，其他详见《国网新源公司关于印发〈抽水蓄能电站建设工程质量验收评定标准〉的通知》（新源科信〔2015〕380号）中的第一部分土建工程。

以软基和边坡开挖工程为例进行说明。

1. 一般规定

（1）适用于土方地基和边坡开挖工程的质量等级评定。

（2）土方地基和边坡开挖、处理应按《水工建筑物地下工程开挖施工技术规程》（DL/T 5099）、《水电水利工程爆破施工技术规范》（DL/T 5135）、《水工建筑物岩石基础开挖工程施工技术规范》（SL 47）和设计要求施工。

（3）土方地基和边坡开挖工程施工应自上而下进行，并分层检查和检测，同时应做好施工记录。

（4）单元工程划分按设计或施工检查验收的区、段划分，每一区、段为一个单元工程。

（5）土方地基和边坡开挖单元工程宜分为表土及土质岸坡清理、软基和边坡开挖 2

个工序，其中软基和土质岸坡开挖为主要工序。

（6）清基完成后的取样检验应符合设计要求。

（7）建基面和岸坡处理，应将树木、草皮、树根、乱石、腐殖土、淤泥软土、坟墓及各种建筑物等全部清除，并按设计要求对水井、泉水、渗水、地质探孔（洞、井）、洞穴、有害裂隙等进行处理。

（8）施工中应按施工组织设计要求在指定地点设置弃渣场并弃渣，不应随意弃渣。

（9）开挖坡面应稳定，无松动，且应不陡于设计坡度。

2. 质量检查项目、质量标准及检测方法

（1）表土及土质岸坡清理施工的质量检查项目、质量标准及检测方法见表 3–1。

表 3–1　　表土及土质岸坡清理施工的质量检查项目、质量标准及检测方法

<table>
<tr><th colspan="2">项次</th><th>检查项目</th><th>质　量　标　准</th><th>检测方法</th></tr>
<tr><td rowspan="3">主控项目</td><td>1</td><td>表土清理</td><td>树木、草皮、树根、乱石、坟墓以及各种建筑物全部清除；水井、泉眼、地道、坑窖等洞穴的处理符合设计要求</td><td rowspan="2">观察，查阅施工记录</td></tr>
<tr><td>2</td><td>不良土质的处理</td><td>淤泥、腐殖质土、泥炭土全部清除；对风化岩石、坡积物、残积物、滑坡体、粉土、细沙等处理符合设计要求</td></tr>
<tr><td>3</td><td>地质坑、孔的处理</td><td>构筑物基础区范围内的地质探孔、竖井、试坑的处理符合设计要求；回填材料质量满足设计要求</td><td>观察，查阅施工记录，取样试验等</td></tr>
<tr><td rowspan="2">一般项目</td><td>1</td><td>清理范围</td><td>满足设计要求，长、宽边线允许偏差：人工施工 0～50cm，机械施工 0～100cm</td><td rowspan="2">量测</td></tr>
<tr><td>2</td><td>土质岸坡坡度</td><td>不陡于设计坡度</td></tr>
</table>

（2）软基和边坡开挖工程的质量检查项目、质量标准及检测方法见表 3–2。

表 3–2　　软基和边坡开挖工程的质量检查项目、质量标准及检测方法

<table>
<tr><th colspan="2">项次</th><th>检查项目</th><th colspan="3">质　量　标　准</th><th>检测方法</th></tr>
<tr><td rowspan="3">主控项目</td><td>1</td><td>保护层开挖</td><td colspan="3">保护层开挖方式应符合设计要求，在接近建基面 20cm 时，宜使用小型机具或人工挖除，不应扰动建基面以下的原地基</td><td rowspan="3">观察，测量、查阅施工记录</td></tr>
<tr><td>2</td><td>建基面处理</td><td colspan="3">构筑物软基和土质岸坡开挖面平顺。软基和土质岸坡与土质构筑物接触时，采用斜面连接，无台阶、急剧变坡及反坡</td></tr>
<tr><td>3</td><td>渗水处理</td><td colspan="3">构筑物基础区及土质岸坡渗水（含泉眼）妥善引排或封堵，建基面清洁无积水</td></tr>
<tr><td rowspan="4">一般项目</td><td rowspan="4">1</td><td rowspan="4">建基面开挖轮廓尺寸及开挖面平整度</td><td rowspan="4">无结构要求或无配筋</td><td>长或宽不大于 10m</td><td>符合设计要求，允许偏差为–10～20cm</td><td rowspan="4">观察，测量、查阅施工记录</td></tr>
<tr><td>长或宽大于 10m</td><td>符合设计要求，允许偏差为–20～30cm</td></tr>
<tr><td>坑（槽）底部标高</td><td>符合设计要求，允许偏差为–10～20cm</td></tr>
<tr><td>垂直或斜面平整度</td><td>符合设计要求，允许偏差为 20</td></tr>
</table>

续表

项次		检查项目	质量标准			检测方法
一般项目	1	建基面开挖轮廓尺寸及开挖面平整度	有结构要求、有配筋	长或宽不大于 10m	符合设计要求，允许偏差为 0～20cm	观察，测量、查阅施工记录
				长或宽大于 10m	符合设计要求，允许偏差为 0～30cm	
				坑（槽）底部标高	符合设计要求，允许偏差为 0～20cm	
				垂直或斜面平整度	符合设计要求，允许偏差为 20cm	

3. 检测数量

（1）表土及土质边坡清理：清理范围每边线测点不少于 5 个点，且间距不大于 20m；土质岸坡坡度每 10 延米量测 1 处；高边坡需测定断面，每 20 延米测 1 断面。

（2）建基面开挖轮廓尺寸及开挖面平整度检测点采用横断面控制，断面间距不大于 20m，各横断面点数间距不大于 2m，局部突出或凹陷部位（面积 $0.5m^2$ 以上）应增设测点。

4. 质量评定标准

（1）合格。主控项目符合质量标准；一般项目不少于 70%的检查点符合质量标准，且不合格点不应集中。

（2）优良。主控项目符合质量标准；一般项目不少于 90%的检查点符合质量标准，且不合格点不应集中。

土方地基和边坡开挖单元工程质量等级评定表参见表 3–3，表土清理及土质边坡开挖、软基和边坡开挖工序质量评定表参见表 3–4 和表 3–5。

表 3–3　　土方开挖单元工程质量等级评定表

项目名称：　　　　合同编号：　　　　编号：

单位工程名称及编号				单元工程量	
分部工程名称及编号				起止桩号（高程）	
单元工程名称、部位及编号				评定日期	年　月　日
项次	工序名称及编号		工序质量验收评定等级		
1	表土及土质岸坡清理				
2	软基和岸坡开挖				
评定标准	合格	各工序施工质量验收评定应全部合格。各项报验资料应符合要求			
	优良	各工序施工质量验收评定应全部合格，其中优良工序应达到 50%及以上，且主要工序应达到优良等级。各项报验资料应符合要求			
施工承包商自评意见		自评质量等级		监理单位复核意见	核定质量等级
各工序施工质量验收评定合格，其中优良工序达到　　%，且主要工序达到等级					
施工承包商				监理单位	
初检负责人	复检负责人		终检负责人	监理工程师	
				监理单位负责人	

表 3–4　　　　**表土清理及土质边坡开挖工序质量评定表**

项目名称：　　　　　　　　　　合同编号：　　　　　　　　　　编号：

单位工程名称及编号					单元工程量			
分部工程名称及编号					起止桩号（高程）			
单元工程名称及部位与编号					评定日期		年　月　日	
项类	检查项目			质　量　标　准			检验记录	
主控项目	1	表土清理		树木、草皮、树根、乱石、坟墓以及各种建筑物全部清除；水井、泉眼、地道、坑窖等洞穴的处理符合设计要求				
	2	不良土质的处理		淤泥、腐殖质土、泥炭土全部清除；对风化岩石、坡积物、残积物、滑坡体、粉土、细沙等处理符合设计要求				
	3	地质坑、孔的处理		构筑物基础区范围内的地质探孔、竖井、试坑的处理符合设计要求；回填材料质量满足设计要求				
一般项目	检测项目			设计值	允许偏差（cm）	检测点数	合格数点	合格率（%）
	1	清理范围	人工施工		0～50			
			机械施工		0～100			
	2	土质岸坡坡度		不陡于设计坡度				
检测结果	主控项目							
	一般项目			共检测　点，其中合格　点，合格率　%				
评定标准	优良			主控项目符合质量标准；一般项目不少于 90%的检查点符合质量标准，且不合格点不应集中				
	合格			主控项目符合质量标准；一般项目不少于 70%的检查点符合质量标准，且不合格点不应集中				
施工承包商自评意见				自评质量等级		监理单位复核意见		核定质量等级
主控项目全部符合质量标准，一般检查项目符合质量标准，检查项目实测点合格率　%								
施工承包商						监理单位		
初检负责人		复检负责人		终检负责人		监理工程师		
						监理单位负责人		

表 3–5　　　　**软基和边坡开挖工序质量评定表**

项目名称：　　　　　　　　　　合同编号：　　　　　　　　　　编号：

单位工程名称及编号				单元工程量	
分部工程名称及编号				起止桩号（高程）	
单元工程名称及部位与编号				评定日期	年　月　日
项类	检查项目		质　量　标　准	检验记录	
主控项目	1	保护层开挖	保护层开挖方式应符合设计要求，在接近建基面时，宜使用小型机具或人工挖除，不应扰动建基面以下的原地基		

续表

项类	检查项目		质量标准	检验记录
主控项目	2	建基面处理	构筑物软基和土质岸坡开挖面平顺。软基和土质岸坡与土质构筑物接触时，采用斜面连接，无台阶、急剧变坡及反坡	
	3	渗水处理	构筑物基础区及土质岸坡渗水（含泉眼）妥善引排或封堵，建基面清洁无积水	

项类	检测项目			设计值	允许偏差（cm）	检测点数	合格数点	合格率 %
一般项目	1	建基面开挖轮廓尺寸及开挖面平整度	无结构要求或无配筋	长或宽不大于 10m	−10～20			
				长或宽大于 10m	−20～30			
				坑（槽）底部标高	−10～20			
				垂直或斜面平整度	20			
			有结构要求、有配筋预埋件	长或宽不大于 10m	0～20			
				长或宽大于 10m	0～30			
				坑（槽）底部标高	0～20			
				垂直或斜面平整度	15			

检测结果	主控项目	
	一般项目	共检测　点，其中合格　点，合格率　%
评定标准	优良	主控项目符合质量标准；一般项目不少于 90%的检查点符合质量标准，且不合格点不应集中
	合格	主控项目符合质量标准；一般项目不少于 70%的检查点符合质量标准，且不合格点不应集中

施工承包商自评意见			自评质量等级	监理单位复核意见	核定质量等级
主控项目全部符合质量标准，一般检查项目符合质量标准，检查项目实测点合格率　%					
施工承包商				监理单位	
初检负责人	复检负责人	终检负责人		监理工程师	
				监理单位负责人	

八、金属结构与机电安装工程

金属结构与机电安装工程包括压力钢管的制造与安装工程、钢闸门及启闭机安装工程、机电设备安装与调试工程、通信和智能监控系统设备安装工程等，下面以压力钢管的制造与安装工程为例，介绍压力钢管的制造与安装工程的一般规定、质量检查项目、质量标准及检测方法、检测数量、质量评定标准。其他详见《国网新源公司关于印发〈抽水蓄能电站建设工程质量验收评定标准〉的通知》（新源科信〔2015〕380 号）中的第二部分金属结构与机电安装工程。

以压力钢管的制造与安装工程为例进行说明。

1. 一般规定

（1）压力钢管制造与安装工程的质量验收评定标准适用于各类地下和地面压力钢管的直管、弯管、渐变管、岔管和支管及其附件（统称钢管）的安装工程。

（2）压力钢管制造与安装工程宜以一个混凝土浇注段的钢管安装或一个部位钢管安装为一个单元工程。

（3）压力钢管的制造、安装及验收应具备下列资料：

1）设计图样和技术文件。

2）主要钢材、焊接材料、防腐材料等的质量证明书。

3）有关水工建筑物的布置图。

（4）压力钢管的材料应符合以下规定：

1）压力钢管使用的钢板应符合设计文件规定。钢板的性能和表面质量应符合有关标准和设计文件中的有关规定，并应具有出厂质量证明书，当无出厂质量证明书或标号不清或对材质有疑问者应予复验，复验合格，方可使用。钢板性能试验取样位置及试样制备应符合《钢及钢产品　力学性能试验取样位置及试样制备》（GB/T 2975）的规定。

2）采用国外钢板，钢板的性能和表面质量应符合有关标准和设计文件中的有关规定。

3）压力钢管制造用钢板如需超声波检查应按 JB/T 4730.3 标准进行探伤。合格标准为：碳素钢和低合金钢应符合Ⅲ级；高强钢［即标准屈服强度下限值 R_{eL}（或 $R_{p0.2}$）≥450N/mm^2，且抗拉强度下限值 R_m≥570N/mm^2 的低碳低合金高强度钢，下同］应符合Ⅱ级。

4）钢板存放应避免雨淋、锈蚀。钢板叠放与支撑垫条间隔设置应避免产生变形。

5）钢板的技术要求应符合《热轧钢板和钢带的尺寸、外形、重量及允许偏差》（GB/T 709）、《锅炉和压力容器用钢板》（GB 713）、《高强度结构用调制钢板》（GB/T 16270）、《压力容器用调质高强度钢板》（GB/T 19189）的规定。采用国外钢板，可参见《热轧钢板和钢带的尺寸、外形、重量及允许偏差》（GB/T 709）、《锅炉和压力容器用钢板》（GB 713）、《高强度结构用调制钢板》（GB/T 16270）、《压力容器用调质高强度钢板》（GB/T 19189）的规定。

6）焊接材料应具有出厂质量证明书，其化学成分、力学性能、扩散氢含量等技术参数，应达到下列相应要求：

a. 焊条应符合《不锈钢焊条》（GB/T 983）、《非合金钢及细晶粒钢焊条》（GB/T 5117）和《热强钢焊条》（GB/T 5118）的规定。

b. 焊丝应符合《埋弧焊用碳钢焊丝和焊剂》（GB/T 5293）、《气体保护电弧焊用碳钢、低合金钢焊丝》（GB/T 8110）、《碳钢药芯焊丝》（GB/T 10045）、《熔化焊用钢丝》（GB/T 14957）、《低合金钢药芯焊丝》（GB/T 17493）、《不锈钢药芯焊丝》（GB/T 17853）、《埋弧焊用不锈钢焊丝和焊剂》（GB/T 17854）和《焊接用不锈钢丝》（YB/T 5092）的规定。

c. 焊剂应符合《埋弧焊用碳钢焊丝和焊剂》（GB/T 5293）、《埋弧焊用低合金焊丝和焊剂》（GB/T 12470）和《埋弧焊用不锈钢焊丝和焊剂》（GB/T 17854）的规定。

（5）碳弧气刨用碳棒应符合《炭弧气刨碳棒》（JB/T 8154）的规定；焊接、切割用气体，氩气应符合《氩》（GB/T 4842）中的质量要求，其纯度 Ar≥99.9%；二氧化碳气体应符合《工业液体二氧化碳》（GB/T 6052）中的质量要求，其纯度 CO_2≥99.5%；氧气应符合《工业氧》（GB/T 3863）中的质量要求，其纯度 O_2≥99.5%；乙炔气体应符合《溶解乙炔》（GB 6819）中的质量要求，其纯度 C_2H_2≥98%；燃气丙烯应符合《工业燃气 切割焊接用丙烯》（HG/T 3661.1）中的质量要求，其纯度 C_3H_6≥95.0%；焊接切割用燃气丙烷应符合《工业燃气 切割焊接用丙烷》（HG/T 3661.2）中的质量要求，其纯度 C_3H_8≥95.0%。

（6）测量工具和基准点应满足以下规定：

1）钢管安装及验收所用的测量器具，测量精度应达到以下要求：

a. 精度不低于Ⅱ级的钢卷尺。

b. DJ2 级以上精度的经纬仪。

c. DS3 级以上精度的水准仪。

d. 精度±5℃及以上的测温仪。

e. 精度±（3%H+1）μm 及以上的涂镀层测厚仪。

f. 测量精度温度±0.5℃、湿度±2%相对湿度及以上的温湿度仪。

g. 精度±2%及以上的焊接用气体流量计。

2）计量器具应按规定进行检定，并在有效期限内使用。

3）用于测量高程、里程和安装轴线的基准点及安装用的控制点，均应明显、牢固和便于使用，应由测量部门在现场向安装单位和质量检查部门交清，并提供坐标点简图。

（7）钢管安装前，应将钢管中心、高程和里程等控制点测放到附近的永久或半永久构筑物或牢固的岩石上，并做出明显标识。

（8）凑合节现场安装时的余量宜采用全位置半自动切割。

（9）钢管支墩应有足够的强度和稳定性，钢管在安装过程中不应发生位移和变形。

（10）管壁上不宜随意焊接临时支撑或脚踏板等构件。

2. 压力钢管制造

（1）直管、弯管和渐变管的制造。

1）钢板下料后的极限偏差应符合表 3–6 的规定。

表 3–6　　钢板下料后的极限偏差

项　目	极限偏差（mm）
宽度和长度	±1
对角线相对差	2
对应边相对差	1
矢高（曲线部分）	±0.5

2）焊缝位置的极限偏差应符合表 3–7 的规定。

表 3–7　　焊缝位置的极限偏差

项　目		极限偏差（mm）
管节纵缝		不应设置在管节横断面的水平轴线和铅垂轴线上，与上述轴线圆心夹角应大于 10°，且相应弧线距离应大于 300mm 及 10 倍管壁厚度
相邻管节的纵缝距离		大于板厚的 5 倍且不小于 300mm
在同一管节上，相邻纵缝间距		≥500mm
环缝间距	直管	≥500mm
	弯管、渐变管等结构	不小于下列各项之大值： ① 10 倍管壁厚度； ② 300mm； ③ $3.5\sqrt{r\delta}$

注　r 为钢管内半径，δ 为钢管壁厚。

3）钢板卷板应满足下列要求：

a. 卷板方向应和钢板的压延方向一致。

b. 卷板前或卷制过程中，应将钢板表面已剥离的氧化皮和其他杂物清除干净。

c. 卷板后，将瓦片以自由状态立于平台上，用样板检查弧度，其间隙应符合表 3–8 的规定。

表 3–8　　样板与瓦片的极限间隙

钢管内径 D（m）	样板弦长（m）	样板与瓦片的极限间隙（mm）
$D\leqslant2$	$0.5D$（且不小于 500mm）	1.5
$2<D\leqslant5$	1.0	2.0
$5<D\leqslant8$	1.5	2.5
$D>8$	2.0	3.0

d. 当钢管内径和壁厚关系符合表 3–9 的规定时，瓦片允许冷卷，否则应热卷或冷卷后进行热处理。

表 3–9　　瓦片允许冷卷的最小径厚比

屈服强度（N/mm^2）	钢管内径 D 与壁厚 δ 关系
R_{eL}（$R_{p0.2}$）$\leqslant350$	$D\geqslant33\delta$
$350<R_{eL}$（$R_{p0.2}$）$\leqslant450$	$D\geqslant40\delta$
$450<R_{eL}$（$R_{p0.2}$）$\leqslant540$	$D\geqslant48\delta$
$540<R_{eL}$（$R_{p0.2}$）$\leqslant800$	$D\geqslant57\delta$
R_{eL}（$R_{p0.2}$）>800	由试验确定

e. 卷板时，不得用金属锤直接锤击钢板。

f. 高强度调质钢和高强度控轧钢，不宜进行火焰矫形。若采用火焰矫正弧度时，加热矫形温度不得大于钢板材质回火温度或控轧终止温度。

g. 拼焊后，不宜再在卷板机上卷制或矫形。

4）钢管对圆应在平台上进行，并须符合下列规定：

a. 其管口平面度要求应符合表 3–10 的规定。

表 3–10　　管口平面度

钢管内径 D（m）	极限偏差（mm）
$D \leqslant 5$	2
$D>5$	3

b. 周长差应符合表 3–11 的规定，且纵缝处的管口轴向错边量不大于 2mm。

表 3–11　　管口周长的极限偏差

项　　目	板厚 δ（mm）	极限偏差（mm）
实测周长与设计周长差	任意板厚	$\pm 3D/1000$，且极限偏差 ± 24
相邻管节周长差	$\delta<10$	6
	$\delta \geqslant 10$	10

c. 钢管纵缝、环缝对口径向错边量的极限偏差应符合表 3–12 的规定。

表 3–12　　钢管纵缝、环缝对口径向错边量的极限偏差

焊缝类别	板厚 δ（mm）	极限偏差（mm）
纵缝	任意板厚	$10\%\delta$，且不大于 2
环缝	$\delta \leqslant 30$	$15\%\delta$，且不大于 3
	$30<\delta \leqslant 60$	$10\%\delta$
	$\delta>60$	$\leqslant 6$
不锈钢复合钢板焊缝	任意板厚	$10\%\delta$，且不大于 1.5

5）纵缝焊接后，用样板检查纵缝处弧度，其间隙应符合表 3–13 的规定。

表 3–13　　钢管纵缝处弧度的极限间隙

钢管内径 D（m）	样板弦长（mm）	样板与纵缝的极限间隙（mm）
$D \leqslant 5$	500	4
$5<D \leqslant 8$	$D/10$	4
$D>8$	1200	6

6）钢管横截面的形状偏差应符合表 3–14 的规定。

表 3–14　钢管横截面的形状偏差

项次	横截面的形状	检测项目	允许偏差	极限偏差	检测方法	检测数量
1	圆形	圆度	不大于 3D/1000，且最大不应大于 30mm		对照设计文件和图纸检查，钢尺测量	每端管口至少测两对直径
2	椭圆形	长轴 *a* 的长度	3*a*/1000	±6mm	对照设计文件和图纸检查，钢尺测量	每端管口测量
		短轴 *b* 的长度	3*b*/1000			
3	矩形	长边 *A* 的长度	3*A*/1000	±6mm	对照设计文件和图纸检查，钢尺测量	每对边至少测三对
		短边 *B* 的长度	3*B*/1000			
		对角线差	不大于 6mm			
4	正多边形	外接圆直径 *D* 测量的最大直径和最小直径之差	不大于 3*D*/1000、最大相差值不应大于 8mm	±6mm	对照图样标准值检查，钢尺测量	
5	非圆形	局部平面度	每米范围内不大于 4mm		靠尺测量	

注　圆度系指同端管口相互垂直两直径之差的最大值。

7）单节钢管长度与设计长度之差的极限偏差±5mm。

8）管口插入垫板的钢管制作的技术要求：

a. 钢管对圆后，其周长差应符合表 3–15 的规定。

表 3–15　管口插入垫板处钢管周长差

项　目	板厚 δ	极限偏差（mm）
实测周长与设计周长差		±3*D*/1000，且极限偏差±12
相邻管节周长差	$\delta<10$	6
	$\delta\geq 10$	8

b. 缝焊后，用表 3–13 规定的样板检查纵缝弧度，其间隙不应大于 2mm。

c. 焊有加劲环的钢管安装加劲环时，其同端管口实测最大和最小直径之差，不应大于 4mm，每端管口至少应测 4 对直径。

d. 弯管、渐变管和高强钢钢管不宜采用带垫板接头。

9）加劲环、支承环、止推环和阻水环制作与组装的技术要求：

a. 加劲环、支承环、止推环和阻水环的内圈弧度应按 3）钢板卷板的规定用样板检查，其间隙应符合表 3–16 的规定。

b. 钢管的加劲环、止推环和支承环组装的垂直度极限偏差应符合表 3–16 的规定。

表 3–16　　钢管的加劲环、止推环和支承环组装的垂直度

序号	项目	支撑环的极限偏差（mm）	加劲环、止推环、阻水环的极限偏差（mm）	简　图
1	支承环、加劲环、止推环或阻水环与管壁的垂直度	$a \leqslant 0.01H$，且不大于 3	$a \leqslant 0.02H$，且不大于 5	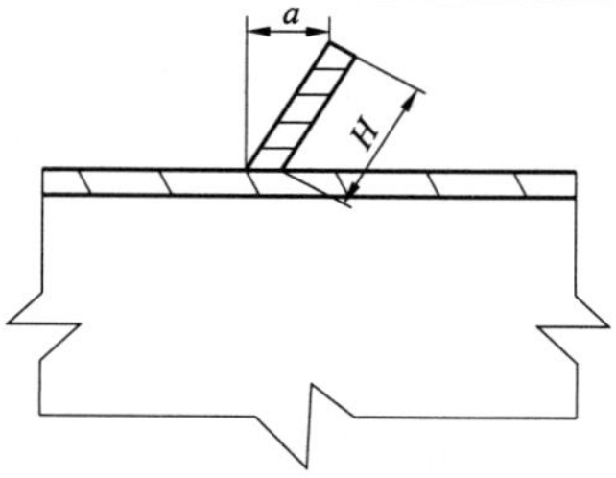
2	支承环、加劲环、止推环或阻水环所组成的平面与管轴线的垂直度	$b \leqslant 2D/1000$，且不大于 6	$b \leqslant 4D/1000$，且不大于 12	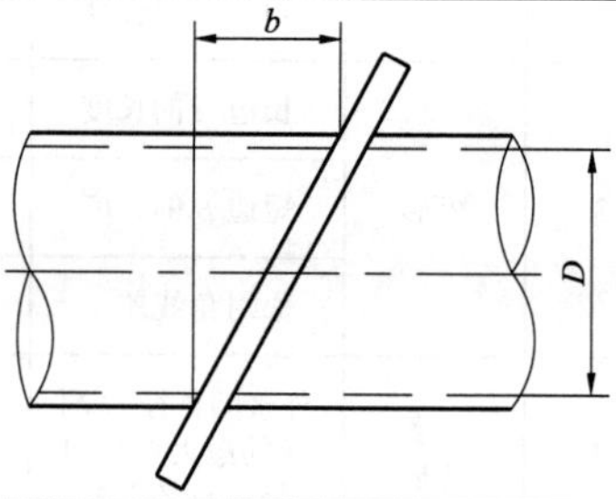
3	相邻两环的间距偏差	±10	±30	

10）灌浆孔宜在卷板后制孔。高强钢钢管设有灌浆孔时，宜采用钻孔的方式开孔。

11）多边形、方变圆等异形钢管，应在制造场内进行整体或相邻管节预装配。

（2）岔管和伸缩节制造。

1）肋梁系岔管宜在制造场内进行整体预组装或组焊，预组装或组焊后岔管的各项尺寸与偏差应符合表 3–17 的规定。

2）球形岔管制作与组装的技术要求、检测项目和质量标准。

a. 球壳板曲率的极限偏差应符合表 3–18 的规定。

表 3–17　　肋梁系岔管组装或组焊后的极限偏差

序号	项目名称	尺寸和板厚 δ	极限偏差（mm）	简　图
1	管长 L_1、L_2		±10	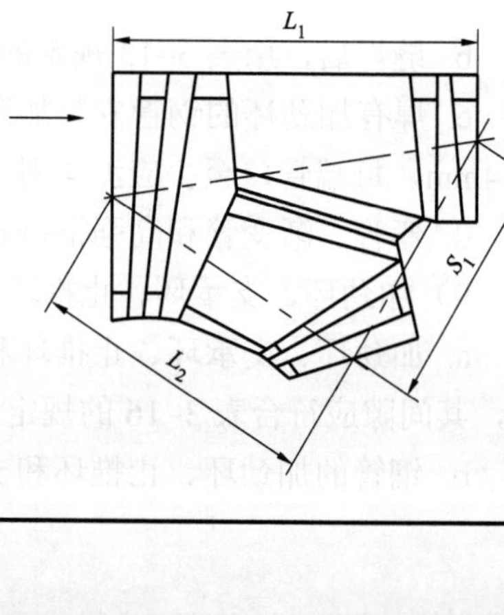
2	主、支管的管口圆度（D 为内径）		$3D/1000$，且不大于 20	
3	主、支管口实测周长与设计周长差		$\pm 3D/1000$，且极限偏差±20，相邻管节周长差不大于 10	
4	支管中心距离 $S1$		±10	
5	主、支管中心高差（取大管内径为 D）	$D \leqslant 2\text{m}$	±4	
		$2 < D \leqslant 5\text{m}$	±6	
		$D > 5\text{m}$	±8	

续表

序号	项目名称	尺寸和板厚 δ	极限偏差（mm）	简　　图
6	主、支管管口垂直度	$D \leqslant 5m$	2	
		$D > 5m$	3	
7	主、支管管口平面度	$D \leqslant 5m$	2	
		$D > 5m$	3	
8	纵缝对口错边量	任意厚度	$10\%\delta$且不大于 2	
9	环缝对口错边量	$\delta \leqslant 30mm$	$15\%\delta$且不大于 3	
		$30mm < \delta \leqslant 60mm$	$10\%\delta$	
		$\delta > 60mm$	$\leqslant 6$	

表 3–18　　球壳板曲率的极限偏差

球壳板弦长 L（m）	样板弦长（m）	样板与球壳板的极限间隙（mm）
$L \leqslant 1.5$	1	3
$1.5 < L \leqslant 2$	1.5	
$L > 2$	2	

b. 球壳板几何尺寸极限偏差应符合表 3–19 的规定。

表 3–19　　球壳板几何尺寸极限偏差

项　　目	任何部位样板与球壳板的极限间隙（mm）
长度方向和宽度方向弦长	±2.5
对角线相对差	4

c. 球形岔管应在厂内进行整体组装或组焊，组装或组焊后球岔管各项尺寸的极限偏差除应符合表 3–19 的有关规定外，还应符合表 3–20 的规定。

表 3–20　　球形岔管组装或组焊后的极限偏差

序号	项目	直径 D（m）	极限偏差	简　　图
1	主、支管口至球岔中心距离 L		+10mm -5mm	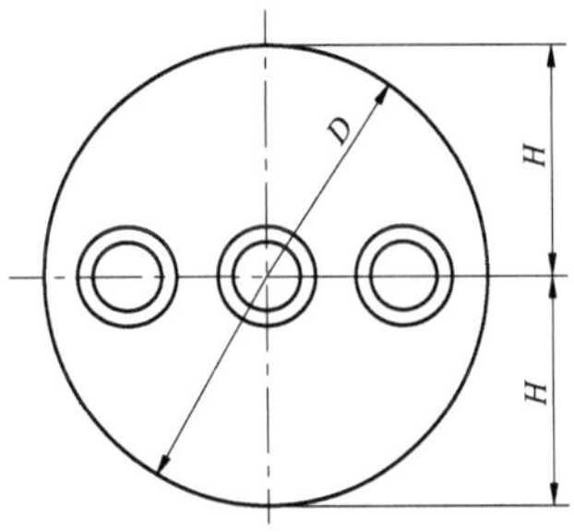
2	分岔角度		±30′	

续表

序号	项目	直径 D（m）	极限偏差	简图
3	球壳圆度	$D \leq 2$ $2 < D \leq 5$ $D > 5$	$8D/1000$mm $6D/1000$mm $5D/1000$mm	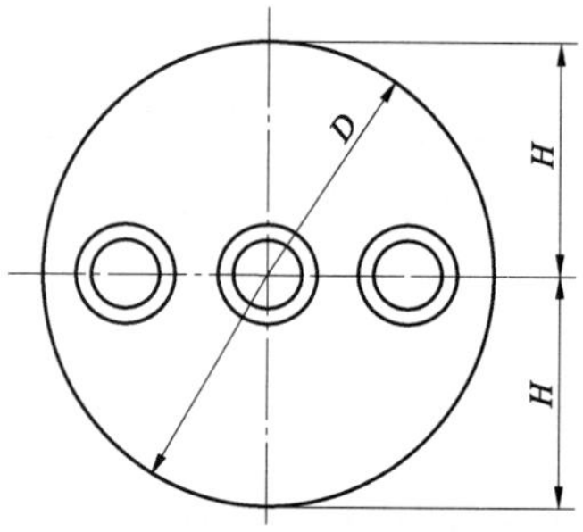
4	球岔顶、底至球岔中心距离 H	$D \leq 2$ $2 < D \leq 5$ $D > 5$	$\pm 4D/1000$mm $\pm 3D/1000$mm $\pm 2.5D/1000$mm	

3）伸缩节内、外套管和止水压环制作的技术要求、检测项目和质量标准。

a. 伸缩节内、外套管和止水压环的实测直径与设计直径的极限偏差为$\pm D/1000$，且极限偏差$\pm$2.5mm。伸缩节内、外套管的实测周长与设计周长的极限偏差为$\pm 3D/1000$，且极限偏差为 8mm。

b. 伸缩节的内、外套管间的最大和最小间隙与平均间隙之差不应大于平均间隙的10%。

c. 波纹管伸缩节的制造应按设计图样或《不锈钢波形膨胀节》（GB/T 12522）、《金属波纹管膨胀节通用技术条件》（GB/T 12777）和《压力容器波形膨胀节》（GB/T 16749）的有关规定执行。

d. 波纹管伸缩节应进行 1.5 倍工作压力的水压试验或 1.1 倍工作压力的气密性试验；水头 $H \leq 25$m 时，可只做焊缝煤油渗透试验。

e. 伸缩节在装配、包装、运输等过程中，应妥善保护，防止损坏产品，且不得有焊渣等异物进入伸缩节的滑动副、波纹管处。

3. 埋管安装

（1）埋管安装的技术要求、检测项目和质量标准。

1）埋管安装中心的极限偏差应符合表 3–21 的规定。

表 3–21　　埋管安装中心的极限偏差

序号	钢管内径 D（m）	始装节管口中心的极限偏差（mm）	与蜗壳、伸缩节、蝴蝶阀、球阀、岔管连接的管节及弯管起点的管口中心极限偏差（mm）	其他部位管节的管口中心极限偏差（mm）
1	$D \leq 2$	5	6	15
2	$2 < D \leq 5$		10	20
3	$5 < D \leq 8$		12	25
4	$D > 8$		12	30

2）始装节的里程极限偏差为$\pm$5mm，弯管起点的里程极限偏差为$\pm$10mm。始装节

两端管口垂直度为±3mm。

3）安装后钢管横截面的形状偏差应符合表3–22的规定。

表3–22　　安装后钢管横截面的形状偏差

<table>
<tr><th>项次</th><th>横截面的形状</th><th>检测项目</th><th>允许偏差</th><th>极限偏差</th><th>检测方法</th><th>检测数量</th></tr>
<tr><td>1</td><td>圆形</td><td>圆度</td><td colspan="2">不大于5D/1000，且最大不应大于40mm</td><td>对照设计文件和图纸检查，钢尺测量</td><td>每端管口至少测两对直径</td></tr>
<tr><td rowspan="2">2</td><td rowspan="2">椭圆形</td><td>长轴 a 的长度</td><td>5a/1000</td><td rowspan="2">±8mm</td><td rowspan="2">对照设计文件和图纸检查，钢尺测量</td><td rowspan="2">每端管口测量</td></tr>
<tr><td>短轴 b 的长度</td><td>5b/1000</td></tr>
<tr><td rowspan="3">3</td><td rowspan="3">矩形</td><td>长边 A 的长度</td><td>5A/1000</td><td rowspan="2">±8mm</td><td rowspan="3">对照设计文件和图纸检查，钢尺测量</td><td rowspan="3">每对边至少测三对</td></tr>
<tr><td>短边 B 的长度</td><td>5B/1000</td></tr>
<tr><td>对角线差</td><td colspan="2">不大于6mm</td></tr>
<tr><td>4</td><td>正多边形</td><td>外接圆直径 D 测量的最大直径和最小直径之差</td><td>不大于3D/1000，且最大相差值不应大于10mm</td><td>±8mm</td><td>对照图样标准值检查，钢尺测量</td><td></td></tr>
<tr><td>5</td><td>非圆形</td><td>局部平面度</td><td colspan="2">每米范围内不大于6mm</td><td>靠尺测量</td><td></td></tr>
</table>

注　圆度指同端管口相互垂直两直径之差的最大值。

4）拆除钢管上的工卡具、吊耳、内支撑和其他临时构件时，不得使用锤击法，应用碳弧气刨或热切割在离管壁3mm以上切除，切除后钢管上残留的痕迹和焊疤应磨平，并检查确认无裂纹。对高强钢宜按《无损检测　焊缝磁粉检测》（JB/T 6061）或《无损检测　焊缝渗透检测》（JB/T 6062）有关规定探伤检查。如发现裂纹应用砂轮磨去，并复验确认裂纹已消除为止。

5）钢管内、外壁的局部凹坑深度不大于板厚的10%，且不大于2mm，可用砂轮打磨，平滑过渡，否则应按规定进行焊补。

6）灌浆孔螺纹应设置空心螺纹护套后，方可进行灌浆施工。

7）灌浆孔堵头采用熔化焊封堵时，灌浆堵头的坡口深度7～8mm为宜。对于有裂纹倾向的母材，焊接时应进行预热和后热。而灌浆孔堵头采用黏结法或缠胶带法封堵时，应进行充分论证和试验。

8）灌浆孔堵焊后应进行全面外观检查。应按《无损检测　焊缝磁粉检测》（JB/T 6061）或《无损检测　焊缝渗透检测》（JB/T 6062）有关规定探伤检查，碳素钢和低合金钢应按不少于10%个数、高强钢应按不少于25%个数的比例进行抽查，当发现裂纹，则应进行100%检查。

9）钢管安装后，应与支墩和锚栓焊牢，防止浇筑混凝土时移位。

10）钢管宜采用活动内支撑。当采用固定支撑时，内、外支撑应通过与钢管材质相同或相容的连接板（或杆件）连接过渡焊接。

（2）质量评定标准。

1）检查项目的质量等级评定标准。

a. 合格：主控项目检测点应全部合格。一般项目检测点应 90%及以上合格，不合格点的最大值不应超过其允许偏差的 1.2 倍，且不合格点不应集中。

b. 优良：主控项目和一般项目的施工质量验收评定应全部合格，其中优良检测点应达到 90%及以上。

2）单元工程的质量等级评定标准。

a. 合格：各检查项目施工质量验收评定应全部合格。各项报验资料应符合要求。

b. 优良：各检查项目施工质量验收评定应全部合格，其中优良项目应达到 70%及以上，且主要项目应达到优良等级。

3）埋管安装单元工程质量等级评定。管口中心、里程、圆度、纵缝、环缝对口错位，焊缝外观质量，一、二类焊缝焊接、表面清除及补焊，管壁防腐、灌浆孔堵焊等检查项目的质量评定表见表 3–23～表 3–24。

表 3–23　　压力钢管制作单元工程质量等级评定表

项目名称：　　　　　　合同编号：　　　　　　编号：

<table>
<tr><td colspan="2">单位工程名称及编号</td><td colspan="2"></td><td>单元工程量</td><td></td></tr>
<tr><td colspan="2">分部工程名称及编号</td><td colspan="2"></td><td>起止桩号（高程）</td><td></td></tr>
<tr><td colspan="2">单元工程名称、部位及编号</td><td colspan="2"></td><td>评定日期</td><td>年 月 日</td></tr>
<tr><td rowspan="3">项次</td><td rowspan="3">项目名称及编号</td><td colspan="4">质量验收评定等级</td></tr>
<tr><td colspan="2">主要项目（个）</td><td colspan="2">一般项目（个）</td></tr>
<tr><td>合格</td><td>优良</td><td>合格</td><td>优良</td></tr>
<tr><td>1</td><td>钢板下料</td><td></td><td></td><td></td><td></td></tr>
<tr><td>2</td><td>卷板</td><td></td><td></td><td></td><td></td></tr>
<tr><td>3</td><td>一、二类焊缝焊接</td><td></td><td></td><td></td><td></td></tr>
<tr><td>4</td><td>加劲环、止推环和支承环组装的垂直度</td><td></td><td></td><td></td><td></td></tr>
<tr><td>5</td><td>钢管横截面形状</td><td></td><td></td><td></td><td></td></tr>
<tr><td>6</td><td>肋梁系岔管组装或组焊</td><td></td><td></td><td></td><td></td></tr>
<tr><td rowspan="2">评定标准</td><td>合格</td><td colspan="4">各项目施工质量验收评定应全部合格。各项报验资料应符合要求</td></tr>
<tr><td>优良</td><td colspan="4">各项目施工质量验收评定应全部合格，其中优良项目应达到 50%及以上，且主要项目应达到优良等级。各项报验资料应符合要求</td></tr>
<tr><td colspan="2">施工承包商自评意见</td><td>自评质量等级</td><td colspan="2">监理单位复核意见</td><td>核定质量等级</td></tr>
<tr><td colspan="2">主要项目全部符合质量标准，一般项目实测点　%符合质量标准，项目优良率　%。其中主要项目优良率　%</td><td></td><td colspan="2"></td><td></td></tr>
<tr><td>施工承包商</td><td colspan="2"></td><td colspan="2">监理单位</td><td></td></tr>
<tr><td>初检负责人</td><td>复检负责人</td><td>终检负责人</td><td colspan="2">监理工程师</td><td></td></tr>
<tr><td></td><td></td><td></td><td colspan="2">监理单位负责人</td><td></td></tr>
</table>

表 3–24　　　　　　　　压力钢管安装单元工程质量等级评定表

项目名称：　　　　　　　　　　　　　　合同编号：　　　　　　　　　　　　　　编号：

单位工程名称及编号		单元工程量	
分部工程名称及编号		起止桩号（高程）	
单元工程名称、部位及编号		评定日期	年 月 日

项次	项目名称及编号	质量验收评定等级			
		主要项目（个）		一般项目（个）	
		合格	优良	合格	优良
1	管口中心、里程、圆度、纵缝、环缝对口错位				
2	焊缝外观质量				
3	一、二类焊缝焊接、表面清除及补焊				
4	管壁防腐，灌浆孔堵焊				
评定标准	合格	各项目施工质量验收评定应全部合格。各项报验资料应符合要求			
	优良	各项目施工质量验收评定应全部合格，其中优良项目应达到 50%及以上，且主要项目应达到优良等级。各项报验资料应符合要求			

施工承包商自评意见	自评质量等级	监理单位复核意见	核定质量等级
主要项目全部符合质量标准，一般项目实测点　　%符合质量标准，项目优良率　%。其中主要项目优良率　　%			

施工承包商			监理单位	
初检负责人	复检负责人	检负责人	监理工程师	
			监理单位负责人	

4. 明管安装

（1）明管安装的技术要求、检测项目和质量标准。

1）鞍式支座的顶面弧度，用样板检查其间隙不应大于 2mm。

2）滚轮式、摇摆式和滑动式支座支墩垫板的高程和纵、横向中心的偏差，极限偏差为±5mm，与钢管设计轴线的平行度不应大于 2/1000。

3）滚轮式、摇摆式和滑动式支座安装后，应能灵活动作，不应有任何卡阻现象，各接触面应接触良好，局部间隙不应大于 0.5mm。

4）明管安装中心极限偏差应符合表 3–21 的规定，明管安装后，管口圆度或形状偏差也应符合表 3–22 的规定。

5）钢管的内支撑、工卡具、吊耳等的清除检查以及钢管内、外壁表面凹坑的处理、焊补应遵守埋管安装中的有关规定。

6）波纹管伸缩节安装时，应按产品技术要求进行。

7）波纹管伸缩节焊接时不得将地线接于波纹管的管节上。

8）在焊接两镇墩之间的最后一道合拢焊缝时，应拆除伸缩节的临时紧固件。

（2）质量评定标准。

1）合格：主要项目全部符合标准，一般项目的实测点有90%及其以上符合《水电水利基本建设工程单元工程评定标准》（DL/T 5113），其余基本符合《水电水利基本建设工程单元工程评定标准》（DL/T 5113）。

2）优良：在合格的基础上，优良项目占全部项目70%及其以上应评为优良。

明管安装单元工程质量等级评定表见表3–25，管口中心、里程、圆度、纵缝、环缝对口错位，焊缝外观质量，一、二类焊缝焊接、表面清除及焊补，管壁防腐、灌浆孔堵焊等检测项目的质量评定表见表3–26～表3–28。

表3–25　压力钢管埋管管口中心、里程、圆度、纵缝、环缝对口错位质量评定表

项目名称：　　　　合同编号：　　　　编号：

单位工程名称及编码		单元工程量	
分部工程名称及编码		起止桩号（高程）	
单元工程名称及编码		评定日期	年　月　日

项次		项目	设计值	允许偏差（mm） 合格 钢管内径 D（m）			优良			实测值（mm）	合格数（点）	合格率（%）	优良数（点）	优良率（%）
				$D \leq 3$	$3 < D \leq 6$	$D > 6$	$D \leq 3$	$3 < D \leq 6$	$D > 6$					
主要项目	1	始装节管口里程		±5	±5	±5	±4	±4	±4					
	2	始装节管口中心		5	5	5	4	4	4					
	3	钢管圆度		5D/1000			4D/1000							
主要项目	4	纵缝错位		小于或等于10%板厚，且不大于2；当板厚小于或等于10时为1			小于或等于5%板厚且不大于2；当板厚小于或等于20时为1							
	5	环缝错位		小于或等于15%板厚，且不大于3，当板厚小于或等于10时，为1.5			小于或等于10%板厚，且不大于3，当板厚小于或等于15时，为1.5							
一般项目	1	与蜗壳、蝴蝶阀、球阀、岔管连接的管节及弯管起点的管口中心		6	10	12	6	10	12					
	2	其他部位管节的管口中心		15	25	30	10	20	15					

续表

<table>
<tr><td rowspan="4">项次</td><td rowspan="4">项目</td><td rowspan="4">设计值</td><td colspan="6">允许偏差（mm）</td><td rowspan="4">实测值（mm）</td><td rowspan="4">合格数（点）</td><td rowspan="4">合格率（%）</td><td rowspan="4">优良数（点）</td><td rowspan="4">优良率（%）</td></tr>
<tr><td colspan="3">合格</td><td colspan="3">优良</td></tr>
<tr><td colspan="6">钢管内径 D（m）</td></tr>
<tr><td>$D \leqslant 3$</td><td>$3 < D \leqslant 6$</td><td>$D > 6$</td><td>$D \leqslant 3$</td><td>$3 < D \leqslant 6$</td><td>$D > 6$</td></tr>
<tr><td rowspan="2">检验结果</td><td>主要项目</td><td colspan="12">共测　点，合格　点，合格率　%，优良率　%</td></tr>
<tr><td>一般项目</td><td colspan="12">共测　点，合格　点，合格率　%</td></tr>
</table>

<table>
<tr><td>施工承包商自评意见</td><td>自评质量等级</td><td>监理单位复核意见</td><td>核定质量等级</td></tr>
<tr><td>主要项目全部符合质量标准，一般项目实测点　%符合质量标准，项目优良率　%。其中主要项目优良率　%</td><td></td><td></td><td></td></tr>
</table>

<table>
<tr><td>施工承包商</td><td colspan="2"></td><td>监理单位</td><td></td></tr>
<tr><td>初检负责人</td><td>复检负责人</td><td>终检负责人</td><td>监理工程师</td><td></td></tr>
<tr><td></td><td></td><td></td><td>监理单位负责人</td><td></td></tr>
</table>

表 3–26　　**焊缝外观质量评定表**

项目名称：　　　　合同编号：　　　　编号：

<table>
<tr><td colspan="4">单位工程名称及编码</td><td></td><td>单元工程量</td><td></td></tr>
<tr><td colspan="4">分部工程名称及编码</td><td></td><td>起止桩号（高程）</td><td></td></tr>
<tr><td colspan="4">单元工程名称及编码</td><td></td><td>评定日期</td><td>年　月　日</td></tr>
<tr><td colspan="2">项次</td><td colspan="2">项　目</td><td colspan="2">质量标准（mm）</td><td>检验记录</td></tr>
<tr><td rowspan="3">主要项目</td><td>1</td><td colspan="2">裂纹</td><td colspan="2">一、二、三类焊缝均不允许</td><td></td></tr>
<tr><td>2</td><td colspan="2">咬边</td><td colspan="2">一、二类焊缝：深不超过 0.5 连续长度不超过 100，两侧咬边累计长度不大于 10%全长焊缝。
三类焊缝：深不大于 1，长度不限</td><td></td></tr>
<tr><td>3</td><td colspan="2">表面气孔</td><td colspan="2">一、二类焊缝：不允许。
三类焊缝：每 50m 长的焊缝内允许有直径为 0.3δ，且不大于 2mm 的气孔 2 个，孔间距不小于 6 倍孔径</td><td></td></tr>
<tr><td rowspan="6">一般项目</td><td rowspan="2">1</td><td rowspan="2">焊缝余高Δh</td><td>手工焊</td><td colspan="2">$12 < \delta < 25$，Δh=0～2.5
$25 < \delta < 50$，Δh=0～3</td><td></td></tr>
<tr><td>埋弧焊</td><td colspan="2">0～4</td><td></td></tr>
<tr><td>2</td><td colspan="2">表面夹渣</td><td colspan="2">一、二类焊缝：不允许。
三类焊缝：深不大于 0.1δ，长不大于 0.3δ，且不大于 10mm</td><td></td></tr>
<tr><td>3</td><td colspan="2">未焊满</td><td colspan="2">一、二类焊缝：不允许。
三类焊缝：不超过 $0.2\text{mm}+0.02\delta$ 且不超过 1mm，每 100m 焊缝内缺陷总长不大于 25mm</td><td></td></tr>
<tr><td rowspan="2">4</td><td rowspan="2">对接接头焊缝宽度</td><td>手工焊</td><td colspan="2">盖过每边坡口宽度 2～4mm，且平缓过渡</td><td></td></tr>
<tr><td>埋弧焊</td><td colspan="2">盖过每边坡口宽度 2～7mm，且平缓过渡</td><td></td></tr>
</table>

续表

项次		项目		质量标准（mm）	检验记录
一般项目	5	飞溅		清除干净	
	6	焊瘤		不允许	
	7	角焊缝厚度不足（按设计焊缝厚度计）		一类焊缝：不允许。 二类焊缝：不超过 0.3mm＋0.05δ且不超过1mm，每100m焊缝长度内缺陷总长不大于25mm。 三类焊缝：不超过 0.3mm＋0.05δ且不超过2mm，每100m焊缝内长度缺陷总长不大于25mm	
	8	角焊缝焊脚K	手工焊	$K<12^{+3}$，$K>12^{+4}$	
			埋弧焊	$K<12^{+4}$，$K>12^{+5}$	
检测结果		共检验　项，合格　项，合格率　%			

施工承包商自评意见			自评质量等级	监理单位复核意见	核定质量等级
主要项目全部符合质量标准，一般项目实测点　%符合质量标准，项目优良率　%。其中主要项目优良率　%					
施工承包商				监理单位	
初检负责人	复检负责人	终检负责人		监理工程师	
				监理单位负责人	

表 3–27　　一、二类焊缝内部焊接、表面清除及局部凹坑焊补质量评定表

项目名称：　　　　　　合同编号：　　　　　　编号：

单位工程名称及编码		单元工程量	
分部工程名称及编码		起止桩号（高程）	
单元工程名称及编码		评定日期	年　月　日

项次		项目	质量标准		实测值（mm）	合格数（点）	合格率（%）	优良数（点）	优良率（%）
			合格	优良					
主要项目	1	一、二类焊缝X射线透照	按规范或设计规定的数量和质量标准透照、评定，将发现的缺陷修补完	一次合格率95%					
	2	一、二类焊缝超声波探伤	按规范或设计规定的数量和质量标准探伤、评定，将发现的缺陷修补完	一次合格率95%					
一般项目	1	埋管外壁的表面清除	外壁上临时支撑割除和焊疤清除干净	外壁上临时支撑割除和焊疤清除干净并磨光					

续表

项次		项目	质量标准		实测值（mm）	合格数（点）	合格率（%）	优良数（点）	优良率（%）
			合格	优良					
一般项目	2	埋管外壁局部凹坑焊补	凡凹坑深度大于 10%板厚或大于 2mm 应焊补	凡凹坑深度大于 10%板厚或大于 2mm 焊补并磨光					
	3	埋管内壁的表面清除	内壁上临时支撑割除和焊疤清除干净	内壁上临时支撑割除和焊疤清除干净并磨光					
	4	埋管内壁局部凹坑焊补	凡凹坑深度大于 10%板厚或大于 2mm 应焊补	凡凹坑深度大于 10%板厚或大于 2mm 应焊补并磨光					

检验结果	主要项目	共检测　　点，合格　　点，合格率　%，优良率　%
	一般项目	共检测　　点，合格　　点，合格率　%

施工承包商自评意见	自评质量等级	监理单位复核意见	核定质量等级
主要项目全部符合质量标准，一般项目实测点　　%符合质量标准，项目优良率　　%。其中主要项目优良率　　%			

施工承包商			监理单位	
初检负责人	复检负责人	终检负责人	监理工程师	
			监理单位负责人	

表 3–28　　管壁防腐、灌浆孔堵焊质量评定表

项目名称：　　　　　　合同编号：　　　　　　编号：

单位工程名称及编码		单元工程量	
分部工程名称及编码		起止桩号（高程）	
单元工程名称及编码		评定日期	年　月　日

项次		项目	质量标准		实测值（mm）	合格数（点）	合格率（%）	优良数（点）	优良率（%）
			合格	优良					
主要项目	1								
一般项目	1	埋管内壁防腐蚀表面处理	内管壁用压缩空气喷砂或喷丸除锈、彻底清除铁锈、氧化皮、焊渣、油污、灰尘、水分等，使之露出灰白色金属光泽	内管壁用压缩空气喷砂或喷丸除锈，使之达到美国标准《SSPC 表面预处理规范》（SSPC–Visl）规定的 SSPC–SP10 标准或瑞典标准 SLS055900—1976 规定的 Sa21/2 标准，表面粗糙为 60～70μm					

续表

<table>
<tr><td colspan="2" rowspan="2">项次</td><td rowspan="2">项目</td><td colspan="2">质量标准</td><td rowspan="2">实测值（mm）</td><td rowspan="2">合格数（点）</td><td rowspan="2">合格率（%）</td><td rowspan="2">优良数（点）</td><td rowspan="2">优良率（%）</td></tr>
<tr><td>合格</td><td>优良</td></tr>
<tr><td>一般项目</td><td>2</td><td>埋管内壁涂料涂装</td><td>漆膜厚度应满足两个85%，即 85%的测点厚度应达设计要求，达不到厚度的测点，其最小厚度值应不低于设计厚度的85%</td><td>漆膜厚度应满足两个 90%，即90%的测点厚度达设计要求，达不到厚度的测点，其最小厚度值应不低于设计厚度的90%</td><td></td><td></td><td></td><td></td><td></td></tr>
<tr><td colspan="2" rowspan="2">检验结果</td><td>主要项目</td><td colspan="7">共检测　　点，合格　　点，合格率　　%，优良率　　%</td></tr>
<tr><td>一般项目</td><td colspan="7">共检测　　点，合格　　点，合格率　　%</td></tr>
<tr><td colspan="3">施工承包商自评意见</td><td colspan="2">自评质量等级</td><td colspan="3">监理单位复核意见</td><td colspan="2">核定质量等级</td></tr>
<tr><td colspan="3">主要项目全部符合质量标准，一般项目实测点　　%符合质量标准，项目优良率　　%。其中主要项目优良率　　%</td><td colspan="2"></td><td colspan="3"></td><td colspan="2"></td></tr>
<tr><td colspan="3">施工承包商</td><td colspan="3"></td><td colspan="2">监理单位</td><td colspan="2"></td></tr>
<tr><td colspan="3">初检负责人</td><td colspan="2">复检负责人</td><td>终检负责人</td><td colspan="2">监理工程师</td><td colspan="2"></td></tr>
<tr><td colspan="3"></td><td colspan="2"></td><td></td><td colspan="2">监理单位负责人</td><td colspan="2"></td></tr>
</table>

九、抽水蓄能电站单元工程质量评定表

抽水蓄能电站单元工程质量等级评定表（简称评定表）是检验与评定施工质量的基础资料，也是进行工程维修和事故处理的重要参考。评定表是水利水电工程验收的备查资料，工程竣工验收后，评定表须归档长期保存。因此，对评定表的填写，做如下基本规定：

（1）单元（工序）工程完工后，应及时评定其质量等级，并按现场检验结果，如实填写评定表。现场检验应遵守随机取样原则。

（2）评定表可以利用计算机填写，但必须满足国网新源公司的工程文件归档要求。

（3）人工填写评定表时，应满足以下规定：

1）应使用蓝色或黑色墨水钢笔填写，不得使用圆珠笔、铅笔填写。

2）文字。应按国务院颁布的简化汉字书写。字迹应工整、清晰。

3）改错。将错误用斜线划掉，再在其右上方填写正确的文字（或数字），禁止使用改正液、贴纸重写、橡皮擦、刀片刮或用墨水涂黑等方法。

如：……表面有裂缝纹，抗压强度 25.323MPa。

（4）数字和单位。数字使用阿拉伯数字（1、2、3、…、9、0）。单位使用国家法定计量单位，并以规定的符号表示（如 MPa、m、m^3、t、…）。

（5）合格率。用百分数表示，小数点后保留一位，如果恰为整数，则小数点后以 0 表示，如 95.0%。

（6）表头填写。① 单位工程、分部工程名称，按项目划分确定的名称填写。② 单元工程名称、部位，填写该单元工程名称（中文名称或编号），部位可用桩号、高程等表示。③ 施工承包商，填写与项目公司签订承包合同的施工承包商全称。④ 单元工程量，填写本单元主要工程量。⑤ 检验（评定）日期，年填写 4 位数，月填写实际月份（0～12 月），日填写实际日期（1～31 日）。

（7）质量标准中，凡有“符合设计要求”者，应注明设计具体要求（如内容较多，可附页说明）、凡有“符合规范要求”者，应标出所执行的规范名称及编号。

（8）检验记录。文字记录应真实、准确、简练。数字记录应准确、可靠，小数点后保留位数应符合有关规定。

（9）设计值按施工图填写。实测值填写实际检测数据，而不是偏差值。当实测数据多时，可填写实测组数、实测值范围（最小值～最大值）、合格数，但实测值应作表格附件备查。

（10）评定表中列出的某些项目，如实际工程无该项内容，应在相应检验栏内用斜线“/”表示。

（11）评定表从表头至评定意见栏均由施工承包商经“三检”合格后填写，“质量等级”栏由复核质量的监理人员填写。监理人员复核质量等级时，如对施工承包商填写的质量检验资料有不同意见，可写入“质量等级”栏内或另附页说明，并在质量等级栏内填写出正确的等级。

（12）单元（工序）工程表尾填写。

1）施工承包商由负责终验的人员签字。如果该工程由分包单位施工，则单元（工序）工程表尾由分包施工承包商的终验人员填写分包单位全称，并签字。重要隐蔽工程、关键部位的单元工程，当分包单位自检合格后，总包单位应参加联合小组核定其质量等级。

2）项目、监理单位，实行了监理制的工程，由负责该项目的监理人员复核质量等级并签字。未实行监理制的工程，由建设单位专职质检人员签字。

3）表尾所有签字人员，必须由本人按照身份证上的姓名签字，不得使用化名，也不得由其他人代为签名。签名时应填写填表日期。

（13）表尾填写。××单位是指具有法人资格单位的现场派出机构，若须加盖公章，则加盖该单位的现场派出机构的公章。

抽水蓄能电站单元工程质量等级评定表详见《国网新源公司关于印发〈抽水蓄能电站建设工程质量验收评定标准〉的通知》（新源科信〔2015〕380 号）中的附录 A。

思考与练习

1. 工程质量验收分为哪几个方面？
2. 工程项目划分的总则和依据是什么？
3. 单元工程验收应具备的条件是什么？
4. 单元工程如何进行质量评定？

5. 单位工程施工质量同时满足哪些标准时，其质量评为优良？

参 考 文 献

[1] Q/GDW 11426—2015　抽水蓄能电站工程项目划分导则
[2] 新源科信〔2015〕380 号　抽水蓄能电站建设工程质量验收评定标准

第四章 质量事件管理

模块1 工程质量事件管理基本知识（Ⅰ级）

模块描述 本模块介绍质量事件调查管理基本知识，通过要点讲解，能够辨析质量事件的分类分级，并能够及时准确上报。

正 文

一、基本概念

（一）质量事件定义

质量事件是指在规划建设、物资采购、运维检修、电能管理、营销服务等过程中，各相关方违反有关法律法规、制度标准或管理要求，其质量不能满足使用要求和使用程度，对电网建设、安全运行、可靠供电和优质服务等造成损失、危害和影响的事件。

（二）工程质量事件定义

工程质量事件是指在工程设计、施工安装、工程验收、检测调试等过程中，违反相关法律法规、制度标准、合同规定或管理要求，造成经济损失、工期延误、设计功效降低、危及电网安全运行等情况的事件。

违反相关法律法规、制度标准、合同规定或管理要求的表现主要包含但不限于以下情况：

（1）工程设计方案存在错误。

（2）工程未执行标准、规范或反事故措施要求。

（3）设备选型不符合规定要求或现场实际需要。

（4）现场保管、存储、运输不当损坏设备。

（5）施工承包商安装工艺不良，调试验收不到位。

二、质量事件管理职责

（一）国家电网公司质量事件管理职责

（1）质量事件调查工作分为公司总（分）部，省（直辖市、自治区）电力公司和公司直属单位（简称省公司级单位），省（直辖市、自治区）电力公司支撑实施机构、地市供电企业、公司直属单位下属单位（简称地市公司级单位），地市公司级单位直属单位、县供电企业、公司直属单位下属单位子企业（简称县公司级单位）四级管理。

（2）质量事件调查工作按照“统一领导、分级负责”的要求，由公司总部统一领导，各级单位逐级开展所辖范围内的质量事件调查。

（3）各级单位质量事件调查工作由本单位工程建设质量监督委员会统一领导，质量监督部门、质量保证部门及技术支撑单位共同参与。

（4）各级安质部门作为质量监督部门，负责质量事件信息的汇总、上报和统计，组织或参与质量事件的调查、分析和处理，督促整改措施的落实。

（5）各级发展、运检、营销、科技、建设、信通、物资、调控等专业管理部门作为质量保证部门，负责及时将本专业范围内质量事件信息报送至本单位质量监督部门，组织或参与本专业范围内质量事件调查和分析，对质量事件提出专业处理意见，制订并落实整改措施。

（6）各级电科院、经研院（所）等作为质量监督技术支撑单位，负责配合质量监督部门收集、统计和分析质量事件的有关资料，按要求参加质量事件的调查和分析，对有关技术问题提出鉴定意见和整改建议。

（二）国网新源公司工程质量事件管理职责

1. 国网新源公司

（1）分管领导。

1）指导、协调公司系统工程质量事件调查工作。

2）听取工程质量事件调查报告。

（2）安全监察质量部。

1）是公司工程质量事件管理归口管理部门。

2）组织或参与各单位工程建设质量事件的调查、分析和处理，上报相关信息，监督质量事件整改措施的落实。

（3）基建部。

1）协助或配合国家电网公司、安全监察质量部开展基建项目质量事件调查处理工作。

2）监督、指导基建项目公司工程质量事件处理工程措施的落实工作。

2. 项目建设单位

（1）总经理。

1）批准工程建设《八级质量事件调查方案》。

2）担任八级质量事件调查组组长，审批《质量事件调查报告》。主持八级质量事件分析处理会议，签发《质量事件报告》。

（2）分管领导。

1）审核工程八级质量事件调查方案。

2）协助组织工程八级质量事件分析处理会议，审核《质量事件报告》。

（3）安全监察质量部。

1）是工程质量事件管理的归口管理部门。

2）组织基建单位召开的八级及以下工程质量事件分析与处理会议，做好会议记录，形成《质量事件报告》。

3）组织工程建设相关参建单位配合上级单位对七级及以上工程质量事件的调查分析与处理。

4）监督、检查事件责任单位开展整改工作。

5）收集、整理工程质量事件相关资料并按要求归档。

（4）工程部。

1）组织设计单位、监理单位和施工承包商，研究制订《应急处置措施》，并组织参建单位实施。

2）参加工程质量事件分析与处理会议、协助质量事件调查工作。

3）组织、检查、指导参建单位落实质量事件处理的有关工程措施。

3. 监理单位

（1）发现质量事件及时报告基建单位工程物资部。

（2）配合项目公司或上级单位对工程质量事件进行分析、调查与处理。

（3）检查验证事件责任单位整改措施实施效果。

4. 设计单位

（1）及时解决与质量相关的设计问题。

（2）配合或参与工程质量事件调查和处理等工作。

5. 施工承包商

（1）工程质量事件发生后，及时按规定上报质量事件。

（2）及时组织实施工程质量事件应急处置措施和工程处理方案。

（3）配合项目公司或上级单位对工程质量事件进行分析、调查与处理。

（4）落实工程质量事件分析与处理的决定，组织制定并实施整改措施。

三、质量事件分类分级

（一）质量事件分类

质量事件按照其主要责任和主体环节进行分类，确定为工程质量事件、物资质量事件、运检质量事件、电能质量事件、服务质量事件五类。

（二）质量事件分级

项目公司工程质量事件按《国家电网公司质量事件调查管理办法》［国网（安监/4）603—2016］的分类标准规定，工程质量事件共分为八级。

（1）一级质量事件。因质量原因造成 1 亿元以上直接经济损失为一级质量事件。

（2）二级质量事件。因质量原因造成 5000 万元以上 1 亿元以下直接经济损失为二级质量事件。

（3）三级质量事件。未构成二级以上质量事件，因质量原因造成下列情况之一者为三级质量事件：

1）造成 1000 万元以上 5000 万元以下直接经济损失。

2）锅炉、压力容器、压力管道爆炸。

3）起重机械整体倾覆。

（4）四级质量事件。未构成三级以上质量事件，因质量原因造成下列情况之一者为四级质量事件：

1）造成100万元以上1000万元以下直接经济损失。

2）特种设备事故造成1万元以上1000万元以下直接经济损失。

3）起重机械主要受力结构件折断或者起升机构坠落。

（5）五级质量事件。未构成四级以上质量事件，因质量原因造成下列情况之一为五级质量事件：

1）造成50万元及以上100万元以下直接经济损失。

2）政府、监管机构罚款50万元以上100万元以下。

3）主要建筑物垮塌；主要建筑物、构筑物的基础出现严重不均匀沉降，建筑物倾斜严重超标、主体结构强度不足等不能满足使用要求，需要重建的。

4）大型起重机械主要受力结构或机构发生严重变形或失效；运输机械、牵张机械、大型基础施工机械主要受力结构件发生断裂。

5）其他被公司确定为五级质量事件者。

（6）六级质量事件。未构成五级以上质量事件，因质量原因造成下列情况之一，为六级质量事件：

1）造成20万元及以上50万元以下直接经济损失。

2）政府、监管机构罚款20万元以上50万元以下。

3）工程主体结构部位尺寸或强度达不到设计要求，降低工程抵御自然灾害能力，返工返修后仍达不到合格标准。

4）小型基础施工机械主要受力结构件发生断裂；起重机械、运输机械、牵张机械操作系统失灵或安全保护装置失效。

5）其他被公司确定为六级质量事件者。

（7）七级质量事件。未构成六级以上质量事件，因质量原因造成下列情况之一，为七级质量事件：

1）造成10万元以上20万元以下直接经济损失。

2）政府、监管机构罚款10万元以上20万元以下。

3）起重机械、运输机械、牵张机械、大型基础施工机械发生严重故障；轻小型重要受力工（机）器具（滑车、卡线器、连接器等）发生严重变形。

4）其他被公司确定为七级质量事件者。

（8）八级质量事件，未构成七级以上质量事件，因质量原因造成下列情况之一，为八级质量事件：

1）造成5万元以上10万元以下直接经济损失。

2）政府、监管机构罚款5万元以上10万元以下。

3）设备加工机械及其他一般（中小型）施工机械发生严重故障或损坏。

4）其他被公司确定为八级质量事件者。

四、质量事件统计

（一）质量事件责任分类

（1）主要责任指事件发生或扩大主要由一个主体承担责任者。

（2）同等责任指事件发生或扩大由多个主体共同承担责任者，包括共同责任和重要责任。

（3）次要责任指承担事件发生或扩大次要原因的责任者，包括一定责任和连带责任。

（二）质量事件类型按照其主要责任和主体环节进行分类

按照其造成的质量降低、经济损失、社会影响等后果进行定级。若一次事件同时满足不同类型、等级质量事件，按“不同等级，等级优先；相同等级，责任优先；相同责任，分别统计”原则执行。

（三）不同管理层次下的事件统计

（1）项目单位发生的事件，统计汇总为项目级单位的事件。国网新源公司的所有单位发生的事件，统计汇总为公司级单位的事件。

（2）国网新源公司系统内建设工程或技改项目中，验收移交生产前发生的物资、工程质量事件，均由项目单位统计。

（四）由于同一原因而引起多次事件的统计

（1）公司级单位发生由于同一厂家、同一型号且同一原因问题构成多次质量事件时，应统计为一次事件。

（2）由于同一原因引发同一公司级单位的几个项目公司级单位多次质量事件时，应由具有管辖权的公司级单位统计为一次事件。

五、质量事件报告

（1）工程质量事件报告程序和要求执行《国家电网公司质量事件调查管理办法》。

（2）工程质量事件实行即时报告制度。工程质量事件发生后，现场有关人员应立即向现场负责人报告；现场负责人接到报告后，应立即向本单位负责人报告；各有关单位接到质量事件报告后，应根据事件等级和相应程序上报事件情况。

（3）项目单位安全监察质量部接到报告后，通过电话、邮件、短信、传真等方式报送，向本部安全监察质量部和基建部报告，逐级上报时间不得超过 1 小时。

（4）质量事件报告具体报送时间要求：

1）六级以上质量事件调查报告由质量事件调查的组织单位以文件形式在事件发生后 30 天内逐级报送至国家电网公司；特殊情况下，经上级单位同意可延长至 60 天。

2）七级质量事件报告由国网新源公司在事件发生后 30 天内逐级报送至国家电网公司；特殊情况下，经上级单位同意可延长至 60 天。

3）八级质量事件报告由事件发生单位在事件发生后 30 天内逐级报送至国网新源公司，特殊情况下，经上级单位同意可延长至 60 天。

思考与练习

1. 基建质量事件是指在基建工程________、________、________、________等工作

中违反有关法律法规和技术标准，对工程安全、可靠运行造成危害和影响的事件。

2. 质量事件调查工作按照“________”的要求，由公司总部统一领导，各级单位逐级开展所辖范围内的质量事件调查。

3. 项目公司工程建设质量事件按《国家电网公司质量事件调查管理办法》[国网（安监/4）603—2016] 的分类标准规定，工程建设质量事件共分为________级。

4. 质量事件按照其主要责任和主体环节进行分类，确定为________、________、运检质量事件、电能质量事件、服务质量事件五类。

5. 因质量原因造成5000万元以上直接经济损失为一级质量事件（判断）。

6. 工程建设过程中发生“设备在安装、调试期间，由于保管、操作不当，造成设备严重损坏，需要更新处理”情形的，属六级工程建设质量事件（判断）。

7. 一个省公司级单位发生由于同一厂家、同一型号且同一原因问题构成多次质量事件时，应统计为多次事件（判断）。

8. 发生较大及以上质量事件的情况下，事件发生后1天内，需要报告质量事件的概况，其内容主要包括哪些？

模块2　质量缺陷管理（Ⅰ级）

模块描述　本模块介绍质量缺陷基本知识和管理流程，通过要点讲解，能够组织参建单位完成质量缺陷处理工作。

正　文

一、质量缺陷概述

（一）质量缺陷定义

缺陷通常解释为残损、欠缺或不够完备。在建筑工程中，缺陷是指由于人为的（勘察、设计、施工、使用）或自然的（地质、气候等）原因，致使建筑物出现影响美观、正常使用、承载力、耐久性和整体稳定性的种种不足的总称。在水电工程中，还存在针对设备缺陷的定义：是指在生产过程中，设备存在影响安全、稳定、经济、环保运行、文明生产的状况。按其紧急程度，分为危急缺陷、严重缺陷、一般缺陷。

除此之外，针对设备还存在家族性缺陷，是指经确认由于制造厂设计、材质、工艺等同一共性因素导致的设备缺陷或隐患。

（二）质量缺陷控制目标

国家电网公司各级单位所管理的工程均要求实现“零缺陷”投运。

（三）质量缺陷的判定方法

（1）首先是凭经验进行目测检查，而且目测的结论能被承包商的施工人员所接收。

（2）如果监理人员无法以目测对质量缺陷做出准确的判断，或监理人员的目测判断不使能承包商的施工人员所接受，立即通知材料、测量或试验等有关专业监理人员并会同承包商的自检及试验人员，进行实际的检验测试，并依据检测结果作为认定质量缺陷存在与否的依据。

（3）当质量缺陷被认定，而且质量缺陷的严重程度将影响工程安全时，通过业主邀请设计单位进行现场勘验，以决定采取处理措施。

（4）对任何质量缺陷的修补，先由承包商提出修补方案及方法，经专业监理工程师批准后方可进行。

二、质量缺陷管理

（一）事前控制

1. 设计、招标阶段

各类工程招标文件和合同中应明确工程质量违约索赔条款，除采取扣除质量保证金等手段外，对工程质量事件或缺陷造成的各类直接经济损失，由相应的勘察设计、设备制造、施工等责任单位进行赔偿。

2. 施工阶段

在各项工程施工的过程中或完工以后，现场监理人员如发现工程项目存在着技术规范所不允许的质量缺陷，根据缺陷的性质和严重程度，按如下方式处理：

（1）当质量缺陷发生在萌芽状态时，及时发出警告信息，要求承包商立刻更换不合格的材料、设备或不称职的施工人员，或要求立刻改变不正确的施工方法及操作工艺。

（2）当质量缺陷正在出现时，立刻向承包商发出暂停施工指令（先口头后书面），待承包商采取了能足以保证施工质量的有效措施，并对质量缺陷进行了正确的补救处理后，再书面通知恢复施工。

（3）当质量缺陷发生在某道工序或单项工程完工以后，而且质量缺陷的存在将对下道工序或分项工程产生质量影响时，拒绝检查验收或工程计量，并要求承包商进行返工处理。

（二）过程控制

1. 质量缺陷成因分析方法

（1）基本步骤。现场调查研究、记录→搜集资料、分析现状→找出可能的原因→分析、比较和判断最可能原因→计算分析或模拟试验论证。

（2）分析要领。确定质量缺陷的初始点→围绕原点对现场各种现象和特征进行分析→综合考虑原因复杂性→确定诱发质量缺陷的起源点即真正原因。

2. 常见成因

（1）违背基本建设程序。基本建设程序是工程项目建设过程及其客观规律的反映，不按建设程序办事。如，未搞清地质情况就仓促开工；边设计、边施工；无图施工；不经竣工验收就交付使用等常是导致工程质量缺陷的重要原因。

（2）违反法律法规。如，无证设计；无证施工；越级设计；越级施工；转包、挂靠；工程招投标中的不公平竞争；超常的低价中标；非法分包；擅自修改设计等行为。

（3）地勘数据失真。如，未认真进行地质勘察或勘探时钻孔深度、间距、范围不符合规定要求，地质勘察报告不详细、不准确、不能全面反映实际的地基情况，从而使得地下情况不清，或对基岩起伏、土层分布误判，或未查清地下软土层、墓穴、孔洞等，均会导致采用不恰当或错误的基础方案，造成地基不均匀沉降、失稳，使上部结构或墙体开裂、破坏，或引发建筑物倾斜、倒塌等质量缺陷或质量事故。

（4）设计差错。如盲目套用图纸、采用不正确的结构方案、计算简图与实际受力情况不符、荷载取值过小、内力分析有误、沉降缝或变形缝设置不当、悬挑结构未进行抗倾覆验算、计算错误等，都是引发质量缺陷的原因。

（5）施工与管理不到位。不按图施工或未经设计单位同意擅自修改设计。如，将铰接做成刚接，将简支梁做成连续梁，导致结构破坏；挡土墙不按图设滤水层、排水孔，导致压力增大，墙体破坏或倾覆；不按有关的施工规范和操作规程施工，浇筑混凝土时振捣不良，造成薄弱部位；砖砌体砌筑上下通缝，灰浆不饱满等均能导致砖墙或砖柱破坏。施工组织管理紊乱，不熟悉图纸，盲目施工；施工方案考虑不周，施工顺序颠倒；图纸未经会审，仓促施工；技术交底不清，违章作业；疏于检查、验收等，均可能导致质量缺陷产生。

（6）操作工人素质差。近几年来，施工操作人员的素质不断下降，过去师傅带徒弟的技术传承方式没有了，熟练工人的总体数量无法满足全国大量开工的基本建设需求，工人流动性大，缺乏培训，操作技能差，质量意识和安全意识差。

（7）使用不合格的原材料、构配件和设备。近年来，假冒伪劣的材料、构配件和设备大量出现，一旦把关不严，不合格的建筑材料及制品被用于工程，将导致质量隐患，造成质量缺陷和质量事故。如，钢筋物理力学性能不良会导致钢筋混凝土结构破坏；骨料中碱活性物质会导致碱骨料反应使混凝土产生破坏；水泥安定性不合格会造成混凝土爆裂；水泥受潮、过期、结块，砂石含泥量及有害物含量超标，外加剂掺量等不符合要求时，会影响混凝土强度、和易性、密实性、抗渗性，从而导致混凝土结构强度不足、裂缝、渗漏等质量缺陷。此外，预制构件截面尺寸不足，支承锚固长度不足，未可靠地建立预应力值，漏放或少放钢筋，板面开裂等均可能出现断裂、坍塌；变配电设备质量缺陷可能导致自燃或火灾。

（8）自然环境因素。如空气温度、湿度、暴雨、大风、洪水、雷电、日晒和浪潮等。

（9）盲目抢工。盲目压缩工期，不尊重质量、进度、造价的内在规律。

（10）使用不当。对建筑物或设施使用不当。如，装修中未经校核验算就任意对建筑物加层；任意拆除承重结构部件；任意在结构物上开槽、打洞、削弱承重结构截面等。

3. 质量缺陷处理方式

（1）返修处理。当项目的某些部分的质量虽未达到规范、标准或设计规定的要求，存在一定的缺陷，但经过采取整修等措施后可以达到要求的质量标准，又不影响使用功能或外观的要求时，可采取返修处理的方法。如，某些混凝土结构表面出现蜂窝、麻面，或者混凝土结构局部出现损伤，如结构受撞击、局部未振实、冻害、火灾、酸类腐蚀、碱骨料反应等，当这些缺陷或损伤仅仅在结构的表面或局部，不影响其使用和外观，可进行返修处理；混凝土结构出现裂缝，经分析研究后如果不影响结构的安全和使用功能时，也可采取返修处理。当裂缝宽度不大于 0.2mm 时，可采用表面密封法；当裂缝宽度大于 0.3mm 时，采用嵌缝密闭法；当裂缝较深时，则应采取灌浆修补的方法。

（2）加固处理。主要是针对危及结构承载力的质量缺陷的处理。通过加固处理，使建筑结构恢复或提高承载力，重新满足结构安全性与可靠性的要求，使结构能继续使用或改作其他用途。对混凝土结构常用的加固方法主要有增大截面加固法、外包角钢加固法、粘钢加固法、增设支点加固法、增设剪力墙加固法、预应力加固法等。

（3）返工处理。当工程质量缺陷经过返修、加固处理后仍不能满足规定的质量标准要求，或不具备补救可能性，则必须采取重新制作、重新施工的返工处理措施。如，某防洪堤坝填筑压实后，其压实土的干密度未达到规定值，经核算将影响土体的稳定且不满足抗渗能力的要求，须挖除不合格土，重新填筑，重新施工；某公路桥梁工程预应力按规定张拉系数为 1.3，而实际仅为 0.8，属严重的质量缺陷，也无法修补，只能重新制作；某高层住宅施工中，有几层的混凝土结构误用了安定性不合格的水泥，无法采用其他补救办法，不得不爆破拆除重新浇筑。

（4）限制使用。当工程质量缺陷按修补方法处理后无法保证达到规定的使用要求和安全要求，而又无法返工处理的情况下，不得已时可做出诸如结构卸荷或减荷以及限制使用的决定。如，某电站机组制造存在机架刚性不足缺陷，在投运后限 75%负荷运行。

（5）不做处理。某些工程质量问题虽然达不到规定的要求或标准，但其情况不严重，对结构安全或使用功能影响很小，经过分析、论证、法定检测单位鉴定和设计单位等认可后可不做专门处理。一般可不做专门处理的情况有以下几种。

1）不影响结构安全和使用功能的。如，有的工业建筑物出现放线定位的偏差，且严重超过规范标准规定，若要纠正会造成重大经济损失，但经过分析、论证其偏差不影响生产工艺和正常使用，在外观上也无明显影响，可不做处理；某些部位的混凝土表面的裂缝，经检查分析，属于表面养护不够的干缩微裂，不影响安全和外观，也可不做处理。

2）后道工序可以弥补的质量缺陷。如，混凝土结构表面的轻微麻面，可通过后续的抹灰、刮涂、喷涂等弥补，也可不做处理；混凝土现浇楼面的平整度偏差达到 10mm，但由于后续垫层和面层的施工可以弥补，所以也可不做处理。

3）法定检测单位鉴定合格的。如，某检验批混凝土试块强度值不满足规范要求，强度不足，但经法定检测单位对混凝土实体强度进行实际检测后，其实际强度达到规范允许和设计要求值时，可不做处理；对经检测未达到要求值，但相差不多，经分析论证，只要使用前经再次检测达到设计强度，也可不做处理，但应严格控制施工荷载。

4）出现的质量缺陷，经检测鉴定达不到设计要求，但经原设计单位核算，仍能满足结构安全和使用功能的。如，某一结构构件截面尺寸不足，或材料强度不足，影响结构承载力，但按实际情况进行复核验算后仍能满足设计要求的承载力时，可不进行专门处理。这种做法实际上是挖掘设计潜力或降低设计的安全系数，应谨慎处理。

（6）报废处理。出现质量事故的项目，通过分析或实践，采取上述处理方法后仍不能满足规定的质量要求或标准，则必须予以报废处理。

（三）工程验收

单元工程质量验收中发现有质量缺陷或质量不合格的情况，由监理单位下发整改通知书，并组织审定质量整改技术方案，施工承包商整改后重新检查验收，直至合格；分部工程质量验收中发现有质量缺陷或质量不合格的情况，由监理单位下发整改通知书，并组织审定质量整改技术方案，施工承包商整改后重新检查验收，直至合格。单位工程质量验收中发现有质量缺陷或质量不合格的情况，由项目建设单位下发整改通知书，并组织审定质量整改技术方案，施工承包商整改后重新检查验收，直至合格。

三、质量通病防治

（一）质量通病定义

质量通病是指水电站（含抽水蓄能电站）工程建设中普遍存在又经常发生的各类影响工程结构、使用功能和外形观感的质量问题或缺陷。

（二）质量通病防治

水电站建设工程质量通病防治工作是提高工程质量管理水平的有效途径。国网新源公司编写了《抽水蓄能电站工程质量通病及防治措施（2011 年版）》，该措施分为管理篇、土建篇、机电篇，共收录了 119 条质量通病，并列举了形成原因、预防方案和技术措施。

思考与练习

1. 什么叫质量缺陷？
2. 工程建设质量缺陷常见成因有哪些？
3. 工程建设质量缺陷常用处理方式？

模块 3　质量事件调查分析（Ⅱ级）

模块描述　本模块介绍质量事件调查分析方法、质量事件报告撰写方法，通过要点讲解、分析事件调查报告，剖析质量事件案例；能够独立参与质量事件调查，并撰写质量事件调查报告。

正　文

一、质量事件调查

根据质量事件等级的不同，企业分别组织调查组进行调查，并按要求填写质量事件调查报告。一至四级质量事件由国家电网公司总部组织调查；五六级质量事件由国家电网公司总部或其授权的单位组织调查；七级质量事件由国网新源公司本部或事件发生单位组织调查；八级质量事件由事件发生单位相关部门组织调查。上级单位认为有必要时可以组织、派员参加或授权有关单位调查下级单位的质量事件。

质量事件调查由相应调查组织单位的领导或其指定人员主持，按质量事件初步判定的不同等级和性质（分类），发展、安质、运检、科技、建设、信通、物资、调控、试验等有关部门（单位）人员和车间（工区、工地）负责人参加。调查组可根据质量事件的具体情况，指定有关单位参加，必要时可指定设计、制造、施工、监理单位参加。质量事件调查组主要职责为：

（1）查明事件情况，包括事件发生经过、损失、影响等情况。

（2）分析事件发生、扩大的直接和间接原因，必要时组织进行技术鉴定和专家论证。

（3）认定事件的性质（包括分类、分级）和责任。

（4）依照公司相关规定提出对事件责任单位和责任人员的处理建议。

（5）总结事件教训，提出防范和整改措施。

质量事件调查组根据事件调查的事实，通过对直接原因和间接原因的分析，确定事件的直接责任者和间接责任者；根据其在事件发生过程中的作用，确定事件发生的主要责任者、同等责任者、次要责任者、事件扩大的责任者；根据事件调查结果，确定相关单位承担主要责任、同等责任、次要责任或无责任。责任主体包括引发或扩大事件的单位、部门和个人；一定责任，指由调查组确定的有关主体应承担的同等以下责任；连带责任，指由供应商、业主、建设（运行）管理、监理和有关承、发包方负有连带性质的责任。

国网新源公司对质量事件实行终身责任追究。质量事件调查组在事件责任确定后，根据有关规定提出对事件责任人员的处理意见。对公司系统内责任单位和责任人员，由有关单位和部门按照人事管理权限，依据《国家电网公司员工奖惩规定》等制度标准和管理要求进行处理。对公司系统外责任单位和责任人员，依据国家、地方相关法律法规和合同规定进行责任追究。

水电项目实行工程质量“说清楚”制度，质量事件的调查和处理执行国网新源公司相关规定。发生四级及以上质量事件，省公司级单位及项目建设单位主要领导要在质量事件发生后的一个月内到国网新源公司“说清楚”。发生五级质量事件，省公司级单位分管领导及项目建设单位主要领导要在质量事件发生后的一个月内到国网新源公司“说清楚”。

二、质量事件报告撰写

（一）六级以上质量事件调查报告

由质量事件调查的组织单位以文件形式在事件发生后30天内逐级报送至国家电网公司；特殊情况下，经上级单位同意可延长至60天。

质量事件调查报告应包括以下内容：

（1）事件发生单位、项目基本情况。

（2）事件发生经过和处置情况。

（3）事件分类、等级和造成的经济损失、质量降低、社会影响等情况。

（4）事件有关质量检测、技术分析情况等。

（5）事件发生的原因和性质。

（6）事件防范和整改措施。

（7）事件暴露问题。

（8）事件责任的认定和事件责任者的处理建议。

（9）事件调查组人员名单。

事件调查报告应当附有关证据材料，事件调查组成员应当在事件调查报告上签名。

（二）七级至八级质量事件报告

七级质量事件报告由地市公司级单位在事件发生后 30 天内逐级报送至国家电网公司；特殊情况下，经上级单位同意可延长至 60 天。八级质量事件报告由县公司级单位在事件发生后 30 天内逐级报送至省公司级单位，特殊情况下，经上级单位同意可延长至 60 天。

质量事件报告应包括以下内容：

（1）事件发生单位、项目基本情况。

（2）事件发生经过和处置情况。

（3）事件分类、等级和造成的经济损失、质量降低、社会影响等情况。

（4）事件有关质量检测、技术分析情况等。

（5）事件发生的原因和性质。

（6）事件暴露问题。

（7）事件防范和整改措施。

三、质量事件处理

国网新源公司工程质量事件实行即时报告制度。工程质量事件发生后，现场有关人员应立即向现场负责人报告；现场负责人接到报告后，应立即向本单位负责人报告；各有关单位接到质量事件报告后，应根据事件等级和相应程序上报事件情况。

项目公司要加强质量事件的应急处置。工程建设一旦发生质量事件，事件发生单位应立即采取电话方式向监理单位、项目公司管理部门及总经理报告。项目公司应立即组织监理单位、设计单位、施工承包商和有关专家进行研究，提出临时应急处置措施并实施，以防止事件扩大和引发安全事件。

国网新源公司系统各单位按质量事件等级组织质量事件调查，并按要求填写质量事件调查报告书。

项目公司组织事件责任单位认真分析质量事件的深度原因，并制定防止质量事件再发生的《质量事件纠正措施》，进行整改和落实；监理单位检查验证质量事件整改措施实施效果，整理质量事件有关的资料并按要求归档。

思考与练习

1. 一至四级质量事件由________组织调查。五、六级质量事件由国家电网公司总部或其授权的________单位组织调查；七级质量事件由________或事件发生单位组织调查；

八级质量事件由事件发生单位相关部门组织调查。上级管理单位认为有必要时可以组织、派员参加或授权有关单位调查下级单位的质量事件。

2. 六级以上质量事件由质量事件调查的组织单位以文件形式在事件发生后________天内逐级报送至国家电网公司；特殊情况下，经上级单位同意可延长至60天。

3. 六级以上质量事件调查报告包括哪些内容？

4. 七级至八级质量事件报告包括哪些内容？

模块4　质量事件案例分析及处理方式（Ⅲ级）

模块描述　本模块介绍在质量事件发生过程中，责任人应该如何处理质量事件，通过案例剖析，讲解事件处置方式，能够正确制定事件处理的决策，指挥事件现场的处理，并能够应对各种突发状况。

正　文

一、质量事件应急处置

（1）项目公司工程建设发生质量事件后，事件发生单位应立即报告监理单位和项目公司工程部。

（2）当质量事件危及工程安全、施工安全，或不立即采取措施会使质量事件进一步扩大时，应采取纠正措施：

1）监理单位应要求施工承包商立即停止施工。

2）项目公司工程部应立即组织监理单位、设计单位、施工承包商和有关专家进行研究，提出临时应急处置措施并实施，以防止事件扩大和引发安全事件，并立即上报国网新源公司基建部。

二、质量事件调查处理原则、权限和方案

（一）质量事件“四不放过”原则

即：事件原因不清楚不放过、事件责任者和应受教育者没有受到教育不放过、没有采取防范措施不放过、事件责任者没有受到处罚不放过。

（二）质量事件调查与处理权限

（1）七级质量事件由项目公司安全监察质量部或监理单位组织调查。

（2）较大质量事件由项目公司安全监察质量部，组织专家组（专家组成员应报质量监督总站和公司基建部核准）进行调查，必要时，国网新源公司基建部参加。

（3）重大质量事件或特大事件，由国家电网公司组织或授权质量监督总站组织专家组进行调查，国网新源公司基建部参加。

（三）质量事件处理方案

（1）七级质量事件处理方案，由造成事件的单位提出，报监理单位批准后实施。

（2）较大质量事件处理方案，由造成事件的单位提出（必要时可委托设计单位提出），报监理单位审查、项目公司安全监察质量部审核，分管领导批准后实施。

（3）重大及特大质量事件处理方案，由项目公司安全监察质量部委托设计单位提出，项目公司安全监察质量部，组织专家组审查批准后实施。必要时，由国网新源公司基建部上报国家电网公司组织审批后实施。

三、质量事件分析及处理案例

（一）土建质量事件分析及处理

【案例 4–1】 某电站斜井衬砌混凝土开裂导致的渗水事件。

简介：某电站引水系统由进出水口、上平段、上斜井、中平洞、下斜井、下平洞等组成。电站投入运行后发现附近山体有多处泉水流量增加，经过多次观测、检查和引水洞内进人检查，发现上斜井混凝土开裂渗水，随着上水库水位增高，渗水量加大，超过了设计指标，同时可能引起附近山体失稳，引发灾害。后采取对引水系统上斜井局部内套钢衬等处理措施，引水系统至今总体运行良好。

1. 事件经过

某电站 1 号引水系统第一次充水于 2008 年 2 月开始，2 号引水系统于 2008 年 12 月开始，两条引水系统各进行了 5 次充排（放空）水试验。5 次充排水试验引水系统渗漏量逐次增加，但在设计容许范围之内，不影响使用。

随着引水系统的运行，该电站工程外围山体出水点出水量在逐步加大，尤其是 6 号施工支洞洞口，2009 年 12 月 10 日开始出水，到 2010 年 4 月 4 日出水量达 85.60L/s。别的外围山体出水部位出水量也在逐步增加，下水库开关站前连坡也出现了浑水和塌方现象。

自 2010 年 1 月以来，引水道渗漏量持续增加，最高渗漏已达到 400L/s，枢纽工程区边坡出水点增多，出水量增大，局部边坡已出现湿润并有局部浅层塌滑现象。考虑电站长期渗漏安全、电量损失和社会影响，有必要对渗漏进行处理。

经过几次引水系统渗漏水处理方案专题讨论会，决定在引水系统上斜井高程 450m 以上采用内衬钢管方式解决渗水问题。

2. 原因分析

引水系统水道渗漏的主要原因与隧洞沿线穿越的地层地质条件复杂密切相关。引水系统上平洞虽然地质条件较差，但其承受的最大静水压力约为 58m，全长采用 50cm 厚的 C30 钢纤维钢筋混凝土进行限裂设计，并全洞固结灌浆，根据工程经验该洞段衬砌可有效阻止内水外渗。从地勘资料、工程布置、固结灌浆资料及目前充排水试验资料分析，中平洞以下沿线围岩微风化–新鲜，岩石坚硬，岩体较完整–完整，透水性微弱，总渗漏量较小；上斜井地质条件复杂，穿越馒头组灰岩、页岩地层，汝阳群石英砂岩地层，以及上、下两外古风化壳等，其中汝阳群地层陡倾角裂隙发育，开挖过程中，下古风化壳以上高程 523～530m 的洞段出水量较大；馒头组地层以中等透水性为主，上古风化壳以上高程 655～692m 的洞段出水量也较大。判断主要渗漏发生在上、下古风化壳及两古风化壳之间的石英砂岩地层。该段渗水一方面是岩石本身的渗透性较大，另一方面是与固结灌浆效果的不确定性有关。根据工程经验，混凝土衬砌在内水压力大于100m后，衬砌将开裂，高压内水将沿衬砌渗入外围岩体。由于砂岩岩体裂隙较多，内水裂隙渗透、连通，超过灌浆圈后与天然透水率大岩体连通，形成渗漏通道。重新做压水试验的结果表明，在内水压力大于100m后，高程530～655m石英砂岩段衬砌混凝土开裂渗是必然的。

3. 采取的措施及处理结果

根据引水系统渗漏情况，经过多次技术咨询，决定对引水上斜井采用内套钢衬的处理方案，由于两条洞渗漏有明显的连通性，两条洞同时处理。

（1）内套钢衬范围。引水隧洞渗漏范围基本在高程 510～720m，位于上斜井直线段（724.0～418m）中。内套钢管从上斜井斜直段顶部高程723.5m开始，至高程450m结束，钢衬长度357m。

（2）内套钢衬结构。内套钢管直径结合考虑结构设计要求、钢管吊装、钢管焊接、水头损失等因素，比较选定为5.8m，加劲环环高0.1m，扣除加劲环高度，钢管与原混凝土衬砌预留约0.25m的空间。钢管焊接采用“单面焊接双面成型”工艺施工。

内套钢管承受内水压力按照钢管与围岩共同受力原则设计；抗外压稳定采取外部0.1m高加劲环的措施。经综合计算分析，钢材采用Q345R，厚度分别为28、24、20mm。

（3）灌浆。为确保上斜井钢衬范围内的干燥环境，给内套钢管斜井内安装焊接提供质量保证，在钢衬安装前进行上斜井浅层堵水灌浆处理，浆液采聚氨酯类。

根据斜井放空物探检测成果，对钢衬范围内衬砌及围岩腾空部位进行补充灌浆，浆液采用水泥浆液。

钢衬范围以上上平段及上弯段根据压水试验结果对该段进行补充固结加固。补充固结灌浆排距2m，每排14孔，灌浆孔入岩5m，浆液采用湿磨细水泥浆液和环氧浆液。

钢衬首末端开孔进行帷幕灌浆，首末各两环，每环8孔，首端孔深5m，末端孔深8m，浆液采用环氧浆液。

钢衬以下斜井高程450.0m，以下段和中平段根据压水试验成果对围岩进行系统或随机固结灌浆处理。

（4）回填混凝土及结构整体性措施。为保证内套钢管与原混凝土衬圈间不存在超出设计允许的缝隙，同时考虑外部空间较小，振捣困难，钢衬外回填自密实微膨胀混凝土，既具有补偿混凝土收缩性能，又方便施工。混凝土强度等级为C25W6，自密实性能等级为二级。为使回填混凝土施工时增加混凝土流动性，避免在加劲环部位形成空腔，在加劲环上开串浆孔。

上斜井内套钢衬后，渗透压力、钢筋压力、钢板应力等均满足相关规程规范要求，能够满足工程安全运行要求。

经处理后，运行至今状态良好。

4. 教训及经验总结

某电站引水系统上斜井的渗水对电站正常按期投运造成了一定影响，由于发现早，及时采取了处理措施，满足了电站引水系统的正常运行需要。从工程建设的角度，也应认真总结并吸取教训，并对今后工程类似的地质条件以充分重视，避免发生灾害性事故。

（1）应结合电站实际情况对工程地质情况进行认真、细致的勘探和分析，选择符合实际的设计参数。

（2）应仔细推敲设计方案，并通过试验加以验证。

（3）水工建筑物投入运行，尤其初期应加强观测，发现异常及时采取措施，并对附近山体进行检查，防止发生次生灾害。

【案例 4–2】 某电站进厂交通洞洞脸局部坍塌事件。

简介：某电站进厂交通洞开挖过程中，由于洞口岩体深层出现倒悬滑移面，右侧洞脸边坡发生垮塌。设计单位根据地质条件对洞口位置调整，同时加强了进洞支护措施，确保了新进厂交通洞施工和运行情况良好。

1. 事件经过

（1）洞口明挖施工。

1）进场交通洞洞脸明挖从 2010 年 12 月 18 日正式开始施工，2011 年 3 月 4 日完成洞脸开挖及支护施工。

2）边坡支护参数如下：

进厂交通洞洞脸边坡高程 171.98m 以上设计边坡 1:0.75，以下边坡 1:0.3，上部设计支护方式为：全部挂钢筋网 10cm 厚 C25 混凝土，系统锚杆ϕ25，L=5m，间距为 2m×2m，设 PVC 排水花管，L=2m，@4m×4m；下部设计支护方式为：全部挂钢筋网喷 10cm 厚 C25 混凝土，系统锚杆ϕ25，L=6m，间距为 2m×2m，设 PVC 排水花管，L=2m，@4m×4m。

在实际开挖支护过程中严格按照监理批准的《进厂交通洞开挖支护施工技术方案》及监理批复的意见《关于进厂交通洞开挖支护施工技术方案申报审批意见》进行施工，采用开挖一层支护一层的施工方法，平均最大单层开挖高度不超过 10m。

第一层边坡开挖起止高程为 173.16～182.96m，于 2011 年 1 月 4 日四方联合验收；第二层边坡开挖起止高程为 173.16～167.5m，于 2011 年 2 月 16 日四方联合验收；第三层边坡开挖起止高程为 167.5～161.65m，于 2011 年 3 月 3 日四方联合验收；每层开挖后严格按设计要求进行跟进支护。

3）边坡截水沟已经开挖完成，砌筑完成约 30m。

4）完成洞脸边坡锚杆应力计安装 5 支，并进行读数。

锚杆应力计在洞脸左侧、左侧各 2 支，洞顶边坡 1 支，从 2011 年 2 月 21 日开始第 1 支锚杆应力计安装，25 日开始读数，从应力读数看，左侧两支应力变化不大，洞顶上方 1 支和右侧 1 支在逐渐增大，但由于观测时间短，没有进行上报监理部。

（2）洞口段施工。

1）洞口段支护参数如下：洞口设 29 根 L=4m 长超前小导管，间距ϕ42×4@500，设两排锁口锚杆ϕ25，L=6m，@1m，外扩角 10°。

2011 年 3 月 2 日完成洞脸超前小导管及锁口锚杆施工。

2）施工前编制并上报了《交通洞洞口段施工措施》，施工时按照措施及监理批复意见《关于交通洞洞口段施工措施申报审批意见》进行施工。采用 118 工字钢，挂网喷 C25 混凝土 25cm 厚，并布置锁脚锚杆及固定锚杆ϕ25，L=3m，@3m。

采取上下层分层开挖，上层导孔超前，扩挖跟进的方式。单循环开挖进尺小于 1m。

3）2011 年 3 月 5 日开始洞挖施工，中午 11:30 进行上层导孔爆破施工，下午 17:30 进行上层扩挖施工。于 2011 年 3 月 6 日进行第二榀钢推荐架支护。

2011 年 3 月 7 日进行第二循环洞挖爆破，进洞方式与第一次相同，并于 2011 年 3 月 7 日晚进行第三榀钢拱架支护，支护方式与第一榀相同。

2011 年 3 月 8 日上午 13:30 左右，施工承包商和监理工程师准备交通洞洞挖周边孔验孔时，发现洞口顶拱以上边坡部位喷混凝土面出现裂痕，即组织施工人员撤离工作面，同时对边坡进行观察。

在观察过程中发现顶部边坡开裂部位变大，同时洞脸右侧边坡喷混凝土面也出现开裂，立即要求所有作业人员及装载机迅速撤退，同时电话报告相关情况，13:35 左右右侧洞脸边坡发生垮塌，洞口中心线右侧及右侧洞脸边坡（约高程 182～162m）沿夹层部位发生垮塌。

2. 原因分析

原设计洞口支护形式为：上半洞采用系统锚杆ϕ25，L=5m，@2m×2m；下半洞采用系统锚杆ϕ25，L=6m，@2m×2m，挂网喷混凝土。从现场滑移面情况看，存在结构面不结合形成楔形块体，洞脸开挖时将块体的脚部挖掉，使得原本处于稳定状态的块体失去支撑而发生滑动。洞口开挖过程中，虽然进行了地质素描，但未发现存在深层不利地质结构面，地质原因是造成洞口坍塌的主要原因。

3. 采取的措施及处理结果

根据进厂交通洞坍塌实际情况，项目单位组织召开了专题会议，要求设计单位对进厂交通洞洞口地质条件进行复核并确定新洞口的位置，主要开展工作如下：

（1）设计单位提交进厂交通洞洞口变更方案。

（2）施工承包商重新编制新进厂交通洞进洞施工方案，要求开挖方式采取导洞先行。

（3）鉴于老交通洞洞口边坡滑塌经验教训，要求设计单位针对上、下水库进出水口、泄放洞、开关站等高边坡部位开展补充地质勘查工作。

（4）施工承包商编制老交通洞口垮塌处理方案，经监理部审批后实施。

变更进厂交通洞洞口后，新进厂交通洞于 2012 年 10 月 19 日贯通，至今运行良好。

4. 教训及经验总结

尽管未发生人员伤害和设备损坏事故，该事件导致进厂交通洞工期滞后 2 个月，增加投资约 70 多万元，并给后续工程管理带来很大困难，其经验教训如下：

（1）应认真做好上下水库、开关站、各类洞室地质勘探，其深度必须满足勘察设计要求，根据地质情况确定各建筑物的合理布置及支护参数。施工过程中，及时进行地质素描，并做好相关资料的汇总和反馈，指导施工顺利进行。

（2）洞脸等边坡施工过程中要专人进行检查和观测，发现问题及时处理。

（3）洞口段施工应严格遵循“短进尺、弱爆破、强支护、勤观测”的施工原则，在出现异常情况时，及时采取相应措施，将损失降至最低。

（4）选择合适的开挖支护方式，针对地质条件较差的洞口，宜采用“先导洞、后扩挖”和超前加强支护的施工方式，确保施工安全。

【案例 4–3】某电站下水库进出水口止水结构质量问题造成大量渗水问题。

简介：某电站下水库采用开挖、拦沟成库，由一座主坝、一座副坝及岩坡库岩围库而成。下水库为全库防渗工程，主要建筑物有面板堆石坝、混凝土异型重力式挡墙工程、库盆工程、沥青混凝土面板防渗工程、排水系统工程、进/出水口工程等。下水库蓄水后，随着水位上升，渗流量逐渐增大，进出水口连接廊道区域的多个排水孔呈射流状态，2012 年 4 月 8 日，下水库水位达到下常蓄水位 838m，进出水口连接廊道渗流量达到 14.43L/s，约占有总渗漏（28.23L/s）的 50%。2012 年 8 月 26～30 日及 2013 年 6 月，对下水库进出水口出口段和防涡梁段的接缝和混凝土结构进行了全面的水下检查并对渗漏点进行临时封堵处理，进出水口区域排水孔渗漏量明显减少。通过分析、讨论基本确定了进出水口区域渗漏部位主要集中在进出水口部位 5 条结构缝。该电站于 2014 年 4 月开始对下水库进出水口区域和三区面板结构缝进行全面处理。

1. 事件经过

2011 年 12 月 14 日，下水库水位达到 815m，进出水口区域的 J–006 排水孔渗流量为 3.12L/s；2012 年 4 月 2 日，水位达到 825.9m，进出水口连接廊道渗流量达到 12.4L/s；4 月 8 日，水位达到正常蓄水位 838m，进出水口连接廊道渗流量达到 14.43L/s，约占总渗漏量的 50%。

2012 年 8 月 26～30 日及 2013 年 6 月，对下水库进出水口出口段和防涡梁段的接缝和混凝土结构进行了全面的水下检查，水下检查发现进出水口结构缝有多处渗漏点，对渗漏点进行临时封堵处理，渗漏量减少，进出水口区域排水孔渗漏量相应明显减少。

经组织参建单位和相关专家讨论分析，明确了进出水口区域渗漏部位主要集中在进出水口部位 5 条结构缝，经技术经济比较，最终确定了渗漏处理方式采用水下处理方法，即在待修补渗漏点处的原有表层止水结构上增加一道柔性止水结构进行封堵。修补主要工作内容包括基面清理、涂刷黏结剂、嵌填止水（鼓包高度为 6cm）、柔性材料找平、粘贴盖片（盖板要求复合一层柔性材料）、固定盖片（采用不锈钢螺栓，螺栓间距为 40cm）、水下密封胶封边。

2. 原因分析

综合水下检查成果及施工期以来监测资料分析情况，确定渗漏原因包括以下内容：

（1）进出水口连接廊道排水孔 J–006、J–023、J–027 渗漏量较大，是因为 J–006、J–023、J–027 排水孔为 D150 的长排水孔，用来增加排水能力，主要排出结构缝止水结构破坏渗水。水下检查发现结构缝的表层橡胶止水存在渗漏通道，可能结构内部的铜止水也存在渗漏通道，渗水直接从长排水管排出。

（2）从施工过程看，进出水口进口段底板的铜止水直接安装在进出水口排水系统之上。在进行管沟开挖时，由于很难形成标准的 30cm 宽度，大多数部位的沟槽宽度都在 50cm 以上。由于止水布置在排水碎石之上，该区域存在不均匀沉降的可能，如果该处的水流破坏了表层止水，很可能致使水流绕过铜止水直接进入排水系统的普通型网管从廊道排水管排出。

3. 采取的措施

通过委托科学院所咨询，最终提出进出水口结构缝渗漏处理方案为：

（1）结构缝渗漏修补方案是在待修补渗漏点处的原有表层止水结构上增加一道柔性止水结构进行封堵。

（2）吸瘪结构缝的修补方案是在不破坏原结构，直接在原盖板上嵌柔性填料至设计厚度，再在表面增加一道柔性止水结构进行修复。

（3）795m 高程平台较大裂缝处理方案是用复合柔性填料的盖板进行覆盖，盖板周边采用不锈钢压固定。

经处理后，渗漏量较小，满足设计要求。

4. 教训及经验总结

该电站库区无天然来水，水库采用地下水进行补水，水库长期渗漏量大对水工结构安全稳定运行有较大影响，同时渗漏量大增加了电站水资源运营成本。通过组织分析渗漏原因，主要和现场施工质量有较大关系。

（1）铜止水防渗是一种水工建筑物伸缩防渗的最重要结构，铜止水防渗是保证水工建筑物伸缩缝不漏（渗）水的主要设施，属于隐蔽工程，因此铜止水施工过程中不允许出现任何质量缺陷，对可能存在的薄弱环节必须引起施工管理人员的高度重视，对铜止水结构的尺寸、安装工艺、接头焊接工艺等严格按照设计要求施工；同时作为工程的建设方，应注意督促监理对设计方案进行审查。

（2）进出水口及水库面板在混凝土浇筑过程中要严把质量关，关键部位要各方现场旁站监督，施工管理过程中，要加强对现场施工作业人员的技术培训，同时还要加大对监理旁站工程师的资质审核，杜绝因人员技术能力不足、责任心不强导致工程质量事件的发生。

（二）机电质量事件分析及处理

【案例 4–4】 某电站一管双机甩 100%负荷试验发生设备损坏事故。

简介：某电站装机容量为 1200MW，安装 4 台 300MW 竖轴单级混流可逆式蓄能机组，额定水头 640m，额定转速 500r/min，最大飞逸转速 725r/min。发电电动机为三相、立轴、半伞式空冷同步电机，额定电压 18kV，额定频率 50Hz，转子极数 6 对，转子直径 4726mm。

2009 年 10 月 16 日 10:25，按照主机设备采购合同要求，进行 1、2 号机组一管双机甩 100%负荷调试试验时，发生 1、2 号机组发电电动机设备损坏事故。经调查分析，制造厂商的转子磁极设计裕度不足、制造误差偏大等产品质量问题是事故的主要原因。

1. 事件经过

（1）事件前状态。

该电站于 2003 年 8 月 31 日主体工程正式开工。4 号机组和 3 号机组分别于 2008 年 12 月 29 日和 2009 年 5 月 27 日投入商业运行；2 号机组于 2009 年 10 月 9 日完成 30 天可靠性试运行；1 号机组于 2009 年 8 月 25 日开始整组启动调试工作。事故发生前，1、2 号机组已完成除双机甩负荷外的所有调试项目。10 月 16 日，根据调试计划，1、2 号机组甩 100%负荷调试试验。试验前，电站 500kV 出线、500kV 母线及 4 台主变压器正常运行，全保护投入；3、4 号机组停机备用；3 号主变压器带 2 号厂用变压器运行；上水库、下水库水位为正常蓄水位。

（2）事件过程及监控记录

09:21，2 号机组并网发电工况运行，带负荷 150MW。

09:36，1 号机组并网发电工况运行，带负荷 150MW。

10:06，1、2 号机组发电运行负荷均升至 300MW。

10:25:39，同时手动拉开 1、2 号机组出口开关，进行发电工况双机甩 100%负荷试验。

10:25:43，1 号机组差动保护 87G–A/B、横差保护 60G–A/B 及轴电流保护动作，1 号机组紧急停机。1 号机组励磁灭磁开关和励磁交流开关断开。

10:25:44，2 号机组差动保护 87G–A/B、横差保护 60G–A/B 及定子 100%接地保护动作，2 号机组紧急停机。2 号机组励磁灭磁开关和励磁交流开关断开。

据现场人员反映，拉开机组出口开关后，1、2 号机组振动噪声异常增大，约数秒后，发现 1、2 号机集电环室出现烟雾及火花，1、2 号机组振摆剧烈并发生异音。随即，现场立即组织厂房所有人员紧急撤离，清点人数，确认无人员伤亡。

约 7～8min 后，已撤离至厂房交通洞的人员听见机组再次发出较大响声。

11:00 左右，确认现场无明火以及厂房各部分安全后，按照事故应急预案要求，开始对现场进行排烟和安全隔离。

2. 现场处置

事故发生后，该电站立即与制造厂商现场督导沟通，并要求制造厂商国外总部立即组织调查组赶赴现场；组织设计、监理、施工、厂家等各参建方召开现场紧急会议，宣布事故现场管理的规定和纪律；按照安全信息即时报告规定，即时向上级公司进行了报告。

3. 事故调查及原因分析

接到事故报告后，上级公司按照事故处理有关规定，即时向公司总部进行报告，并立即成立事故调查组，开展事故调查和善后处理工作。

针对电站主机设备系涉外合同、试验也是在国外制造厂商现场督导下进行的情况，督促制造厂商国外总部组织事故调查组到达事故现场参与调查。

10 月 18 日，制造厂商国外总部调查组到达现场。随即，中外双方商定：根据主机设备供货合同，现阶段的设备还未通过初步验收，设备责任主体仍应属于制造厂商，此次事故原因调查分析以制造厂商为主，中方配合。

公司总部对电站发生的设备事故高度重视，公司领导分别就事故调查处理做出了重要指示，并亲赴电站现场检查指导事故调查工作，安全监察质量部、基建部派出专人赶到现场指导协调事故调查工作，并邀请有关专家抵达现场参加调查组工作。

10 月 22 日晚，国家电监会事故调查组一行 12 人抵达电站现场，独立开展事故原因调查分析工作。

经过调查，有关情况汇总如下：

（1）设备损坏情况。

1）发电/电动机转子。1 号机 3、4、6、7、8 号共计 5 个磁极线圈存在变形、侧面翻边甩出，其中 4、7 号共 2 个磁极线圈发生双侧面翻边甩出，2 号机 1、2、4、7、8、10、12 号共计 7 个磁极线圈变形、侧面翻边甩出，其中 1、4、8、10、12 号共 5 个磁极线圈发生双侧面翻边甩出。

2）发电/电动机定子。1、2 号机定子铁芯已和甩出的磁极线圈发生接触，定子线棒、汇流环、引出铜排等损坏；1、2 号机定子铁芯均出现不同程度的沉降，铁芯内膛因与转子整体接触扫膛而磨损严重，内膛槽楔处熔有大量铜粉，线棒外部楔子板基本烧毁；两台机组的定子基础基槽部位二期混凝土遭破坏。

3）上导轴承及集电环。两台机组上导油槽已脱落，上导轴承损坏；两台机组集电环受撞断裂、损坏。

（2）监控事件记录分析。

1）1 号机组

10:25:39，071（事故代码），1 号机组出口开关断开。

10:25:42，750（事故代码），1 号机组轴电流保护报警（38.1）。

10:25:42，762（事故代码），1 号机组纵向差动保护 A 组动作（87G–A）。

10:25:42，779（事故代码），1 号机组纵向差动保护 B 组动作（87G–B）。

10:25:42，788（事故代码），1 号机组横向差动保护 A 组动作（60G–A）。

10:25:42，796（事故代码），1 号机组横向差动保护 B 组动作（60G–B）。

10:25:42，872（事故代码），1 号机组灭磁开关 FCB01 断开。

10:25:42，957（事故代码），1 号机组励磁交流开关 ACB01 断开。

10:25:43，1 号机组重故障停机，启动事故停机流程。

10:25:43，1 号机组转速上升至 642.25r/min。

10:25:45，791（事故代码），1 号机组低压闭锁过电流保护（27/51–G）动作。

10:25:55，590（事故代码），1 号机组 100%定子接地保护（64G）动作。

10:26:13，1 号机组转子接地保护（64R）报警。

10:26:25，1 号机组转速为 30%R_e。

10:26:25，1 号机组消防报警，温感烟感报警。

10:26:25，1 号机组导水叶全关，导水叶锁定投入。

10:26:41，1 号机组球阀全关。

10:26:46，1 号机组转速为 20%R_e。

10:26:46，1 号机组机械制动电磁阀动作。

10:26:46，1 号机组机械制动投入。

10:26:46，1 号机转速为 0。

10:32:59，1 号机组中性点接地闸刀现地/远方切换开关切至“LOCAL（现地）”。

从事件记录可知：故障发生后，轴电流保护一段报警最先出现，该保护设定值为一段 0.9mA、0s 报警，二段 0.9mA、10s 跳机。结合损坏现场可以这么认为：磁极线圈翻边并与定子铁芯碰撞后，极靴通过外翻的绕组与定子槽锲连通，轴电压对地形成通路后，轴电流保护动作。

通过现场检查并结合故障录波图分析：转子绕组与定子铁芯触碰后，导致了 B 相绕组接地，在机组 B 相电压发生畸变后 20ms，C 相绕组绝缘损坏，B 相接地故障发展为 B、C 相相间短路故障，同时出现了匝间短路电流和相间短路电流，机组电压下降，导致励磁强励动作，强励电流最高达到 0.936I_f。定子短路电流高达 52 050A（3.47I_N），考虑到短路过程中非周期分量的影响，实际最大电流还要大于该数值，横差电流达 5200A（13I_{0N}）以上。纵差、横差保护在定子发生短路后约 40ms 正确动作，保护动作后 110ms，磁场开关跳开，机组重故障停机，强励消失。

在机组停机过程中，由于剩磁的存在（如果此时集电环汇流环受机组振摆影响已断裂的话，剩磁将更大），尽管机端电压已接近为 0，短路电流依然很大，远远大于 1.5A 的低压过电流保护整定值，机组低压过电流保护 27/51–G 在 3s 整定延时到达后正确动作。

电站定子 100%接地保护采用外注电源原理，其整定值为 5kΩ、1s，依据保护原理，在定子中性点电流超过 5A 时，该保护自动闭锁装置测量回路，直到电流消失并经数秒延时后再开放。事件记录中显示定子 100%接地保护在转子碰触定子导致定子绕组绝缘损坏接地约 10s 后才动作是合理的。定子 95%接地保护整定值为 5V、0.5s，由于短路故障后保护已将磁场开关切除，所以该保护未动作。电站转子接地保护报警整定值为 5kΩ、2s，因与定子接地保护原理类似，同样需在保护闭锁开放后动作，在发生转子接地故障时保护报警信号出现较晚是正常的。

10:32:59，也就是甩负荷操作后 8min 左右，发电机风洞墙外的 1 号机组中性点电气盘柜上的接地闸刀现地/远方切换开关位置信号变为“LOCAL（现地）”，正常情况下，该切换开关应位于“REMOTE（远方）”，排除现场无人员操作的可能，可以认为，在 10:32 左右，发电机内部发生爆炸，气流冲击导致盘柜倒地，盘柜倒地导致了该切换开关由“REMOTE（远方）”切至“LOCAL（现地）”，这与现场调查的情况符合。

2）2 号机组。

10:25:39，073（事故代码），2 号机组出口开关断开。

10:25:43，620（事故代码），2 号机组轴电流保护报警（38.1）。

10:25:43，666（事故代码），2 号机组纵向差动保护 B 组动作（87G–B）。

10:25:43，679（事故代码），2 号机组纵向差动保护 A 组动作（87G–A）。

10:25:43，687（事故代码），2 号机组横向差动保护 B 组动作（60G–B）。

10:25:43，704（事故代码），2 号机组横向差动保护 A 组动作（60G–A）。

10:25:43，706（事故代码），2 号机组励磁变瞬时过电流保护动作，500kV 电站出线 5011 开关和备用线路 5014 开关跳闸。

10:25:43，771（事故代码），2 号机组励磁交流开关 ACB01 断开。

10:25:43，842（事故代码），2 号机组灭磁开关 FCB01 断开。

10:25:44，2 号机组转速上升至 653.86r/min。

10:25:44，2 号机组重故障停机，启动事故停机流程。

10:25:46，715（事故代码），2 号机组低压过电流保护（27/51–G）动作。

10:25:53，366（事故代码），2 号机组 100%定子接地保护（64G）动作。

10:26:21，2 号机组转速为 30%R_e。

10:26:26，2 号机组导水叶全关。

10:26:33，2 号机组转速为 20%R_e。

10:26:34，2 号机组机械制动投入。

10:26:43，2 号机组球阀全关。

10:26:58，2 号机组转速为零。

从事件记录可知：2 号机组轴电流保护、低压过电流保护、定子 100%接地保护、定子 95%接地保护以及转子接地保护动作情况同 1 号机事件记录相同，见 1 号机组分析内容。

通过现场检查并结合故障录波图分析，可以认为：2 号机组磁极线圈外翻并与定子铁芯触碰后，A、B 相定子绕组几乎同时接地，形成相间短路，机组电压下降，强励动作，强励电流最高达到 2.02 I_f。

相间短路发生 20ms 后，C 相定子绕组绝缘损坏，发展为三相短路，短路电流达到 58 500A（3.9I_N），如考虑非周期分量影响，实际最大电流还要大于该数值，横差电流达 8000A（20I_{0N}）以上。纵差、横差保护在定子发生短路后约 40ms 正确动作，保护动作后 110ms，磁场开关跳开，机组重故障停机，强励消失。

通过故障录波图可以看出，励磁变压器高压侧三相电流在故障过程中同时增大，但励磁交流回路在事故后检查并未发现损坏，可以分析认为是由于碳刷架断裂或机坑内励磁回路短路，使得励磁变电流增大。励磁变压器速断保护整定值为 5.74A、0.02s，保护范围涵盖了励磁变压器低压侧回路，在延时后保护动作，跳开相应 500kV 开关。

3）有限元计算分析。

制造厂商有限元计算认为：在机组甩负荷后 650r/min 转速条件下，磁极线圈在转子径向最大的几何变形为 1.9mm，切线方向最大位移是 5.6mm。这样，加上初始模型中 2.3mm 的制造误差，切向最大位移达 7.9mm。在模型计算中，磁极线圈的钢度评估比实际的层间布置取值要大。实际运转中，磁极线圈径向变形应更大。

磁极线圈的应力分布图显示，其最大的联合应力为 91MPa，应力集中部分分布在线圈中部和线圈角部。

从分析结果看，在满载甩负荷时，磁极线圈切向变形加大，磁极中心部分的变形最大，磁极线圈剖面的重心向磁极极靴边缘外移，造成磁极线圈明显向外侧径向方向变形的结果。

这个结果与考虑制造过程中的尺寸或形状误差后的计算结果相近，且现场调查结果的磁极线圈实际变形与此模型计算结果相符。

4）机理分析。

根据现场的调查取证情况，结合技术分析报告以及有限元计算等，事故机理为：制造厂商设计的塔形结构向心磁极虽然消除了磁极线圈的侧向分力，但由于磁极线圈在工厂制造组装时产生的误差累积超过预计允许的误差，再加上转子磁极设计考虑不周，裕量不足，制造误差累积抵消了设计裕量，这种情况下，机组运转时线圈的受力状况就会逐渐发生变化，并产生朝磁极铁芯外侧的侧向分力，线圈就会克服材料的屈服应力而累积产生塑性变形。

机组甩负荷后，在高转速离心力的作用下，线圈的侧向分力迅速扩大，变形也相应变大。当塑性变形加大后导致线圈重心超过极靴边缘极限允许值后，内侧线圈就会首先滑出，直至整个线圈外翻。

磁极线圈变形外翻后，造成转子磁极线圈与定子铁芯接触扫膛，定子绕组单相接地并瞬间扩展为相间短路，励磁装置在检测到绕组电压发生突变后，强励动作。定转子接触摩擦使得发电机转动部分产生了摩擦制动力矩，而三相短路以及励磁强励的作用，也产生了较大的电气制动力矩，在摩擦制动力矩和电气制动力矩的双重作用下，机组转速快速下降［数据显示，2 号机转速最大降幅高达 110r/（min·s）］，而此时，水轮机导叶开度仍在较大的开度（70%左右）。由于定转子的摩擦撞击（径向力计算值超过 8800kN），发电机转动部分发生强烈振摆和扭振，导致上下导轴瓦移位、油槽脱落、集电环撞裂、定子铁芯下沉、定子基础板松动、二期混凝土振裂等一系列后果。

上导轴承油槽泄漏的汽轮机油加上风洞内定转子摩擦产生的金属粉尘、火花等原因，在密闭环境中，当油雾气或金属粉尘浓度和温度达到一定程度后，爆炸产生高温高压气流冲开发电机风洞门等设施。

5）结论。

10 月 27 日，国家电监会调查组在事故现场通报了事故调查情况，认为：可以排除电网与机组谐振、水力共振、机组运行水头和转速过高、人员误操作以及地震等自然灾害引发事故的原因，未发现管理失误和导致本次事故发生的管理因素。事故的直接原因是发电/电动机自身设备缺陷，可能原因：一是磁极结构设计缺陷；二是磁极线圈及托板材料问题。

10 月 26 日，制造厂商签署文件认为，事故的诱因来自于发电/电动机。11 月 27 日，制造厂商提交了 1 号机和 2 号机事故原因最终报告。报告认为：2009 年 10 月 16 日 10：25，发生在某电站 1、2 号机组上的发电电动机设备损坏事故的原因是转子磁极设计裕度不足，加之制造误差偏大造成的。

按照双方合同约定，事故全部责任及相关损失均由制造厂商负责和承担，制造厂商对此进行了书面确认。

4. 采取的措施

对全部 4 台机组的发电/电动机转子结构进行改进。加大极靴宽度以增加设计裕量，在磁极间增加挡块以限制线圈的位移，防止外凸变形，提高线圈工厂制造质量控制标准，减少制造误差；对 1、2 号机组发电/电动机大轴、推力轴承等主要部件的修复再使用进行安全鉴定；在转子结构改进前，停止 3、4 号机组运行；电站建设公司加强对制造厂商提交的转子结构改进设计方案的审查和修复方案实施的监督，确保机组修复质量。

【案例 4–5】焊接质量不佳导致转轮叶片裂纹。

简介：机组检修过程中，通过金属监督发现转轮叶片进水边与下环焊缝根部表面裂纹。对裂纹进行打磨，发现有气孔出现，经厂家人员现场鉴定为转轮制造过程中焊接质量不佳导致。

1. 故障现象

某电站 1 号机组 C 修过程中金属监督 PT 探伤，发现 1 号叶片工作面进水边与下环焊缝根部有一处表面裂纹，长约 40mm，裂纹宽度使用 0.02mm 塞尺无法进入，如图 4–1 和图 4–2 所示。

图 4–1　裂纹位置

图 4–2　表面裂纹

对表面裂纹进行打磨，打磨深度至 5mm 时，发现在裂纹上有气孔出现，如图 4–3 所示。

图 4–3　打磨过程发现气孔

继续进行打磨，打磨深度至 10mm，长度约 100mm 时，发现裂纹仍有扩大趋势，无法判断裂纹深度及长度，如图 4–4 所示。

图 4–4　裂纹延长

随后对此裂纹进行了 UT（超声波）探伤，初步测定结果：该缺陷为线状裂纹，为焊缝内部缺陷，暂未扩展到转轮过流表面，沿焊缝长度方向裂纹长 700mm（不连续），距转轮过流表面平均深度 27.1mm，裂纹本身深度 1.9～15.7mm 不等，如图 4–5 和图 4–6 所示。

图 4–5　转轮整体图

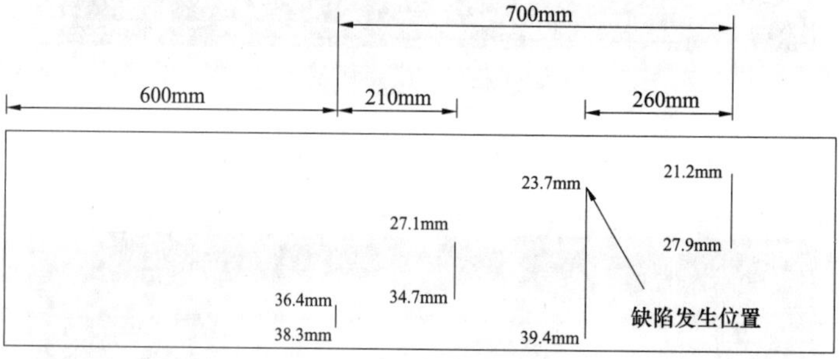

图 4–6　裂纹纵剖图

随后该电站积极与制造厂商沟通，派出焊工工艺人员到达现场，编制转轮裂纹处理方案。完成修复工作后，探伤合格。

2. 原因分析

转轮制造过程中，由于焊接质量控制不严，导致转轮叶片进水边与下环焊缝根部存在气孔，运行过程中气孔部位应力集中，产生裂纹。

3. 处理过程

（1）使用碳弧气刨的方式将裂纹彻底去除干净，如图 4–7 所示。

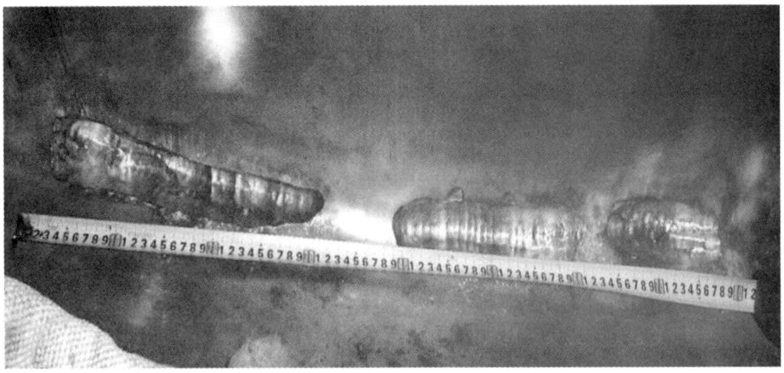

图 4–7　气刨后

（2）PT 探伤（见图 4–8）确认裂纹缺陷被完全清除，之后作出单面 V 形焊接坡口，需打磨出金属表面光泽。

图 4–8　PT 无损探伤

（3）将坡口面及坡口两侧 30mm 以内母材表面的溶渣、油污等所有影响焊接质量的异物清理干净，如图 4–9 所示。

图 4–9　焊接前清理

（4）使用石棉布铺垫、涂焊接防飞溅剂等方式对近返修区域机组过水表面进行保护，防止焊接飞溅对机组造成影响。逐层补焊如图 4–10 所示。

图 4–10　逐层补焊

（5）按照制造厂商的工艺施焊补修；为控制质量，对各层熔敷金属做 PT 探伤检查，检查结果均正常。

（6）坡口焊满后，分别进行 PT 和 UT 探伤检查，全部检查结果正常，如图 4–11 所示。

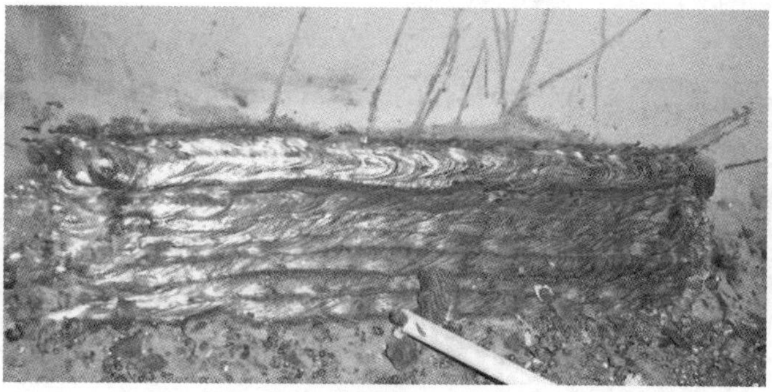

图 4–11　坡口满焊后

（7）检查合格后，转下序铲磨流道、清理打磨、精磨、抛光等，如图 4–12 所示。

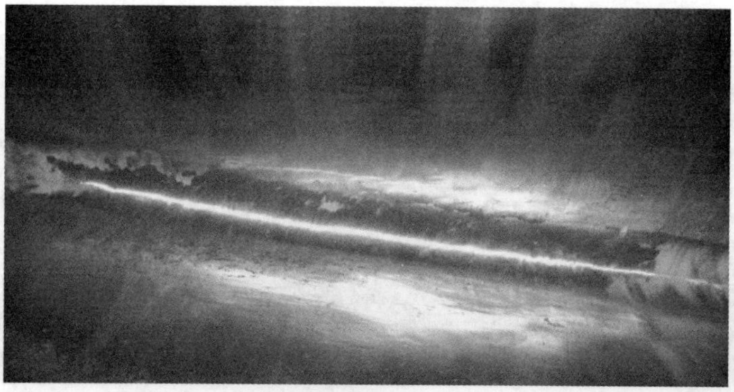

图 4–12　打磨、抛光后

4. 暴露问题

（1）制造厂家焊接质量控制不严，个别焊工审图不清，清根操作不彻底，致使该叶片焊缝根部质量没有得到有效保证。

（2）设备监造监理未认真履行职责，关键部位过程监控把关不到位。

5. 防范措施

（1）对该转轮其他叶片进行 PT 探伤，对转轮叶片焊缝进行 UT 探伤，发现问题及时处理。

（2）严格执行金属监督相关规程规定，结合机组检修落实执行。

（3）加强设备监造监理的选用和管理，加强设备制造过程管控。

思考与练习

1. 质量事件“四不放过”原则是什么？
2. 试论述主变压器爆炸时，如何应急处置？可能存在的制造、安装质量原因有哪些？

参 考 文 献

［1］国家电网公司［国网（安监/4）603—2016］国家电网公司质量事件调查管理办法

［2］国网新源控股有限公司（新源（基建）G137—2015）工程建设质量事件管理手册

［3］国网新源控股有限公司　基建典型故障汇编（2017 年版）

［4］国网新源控股有限公司　设备典型故障汇编（2016 年版）